KB057164

NX8
CAD/CAM
활용

윤여권 · 조대희 공저

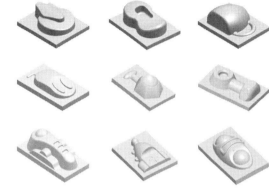

 북스힐

머 리 말

오늘날 컴퓨터의 발전과 더불어 산업사회는 다양한 지식정보화를 가속시켜 기업 환경에 많은 영향을 미치고 있습니다. 그리고 컴퓨터는 기계산업 분야의 설계실 환경에도 영향을 주어, 컴퓨터를 이용한 Drafting(제도) 또는 Design(설계)을 하는 CAD(Computer Aided Drafting or Computer Aided Drafting Design), 컴퓨터를 이용하여 Manufacturing(가공)하는 CAM(Computer Aided Manufacturing), 그리고 컴퓨터를 이용하여 설계 단계에서의 공학적인 해석을 하는 CAE(Computer Aided Engineering) 등의 시스템이 도입되어 다양하게 활용되고 있습니다.

다양한 CAD/CAM/CAE에 활용되는 Program들이 개발되어 진화를 거듭하며 현장에서 사용하고 있으나, NX처럼 하나의 프로그램으로 2D, 3D, Assemblies, Manufacturing, 해석 등의 분야에서 강력한 기능을 갖고 있는 Software는 많지 않은 편입니다.

이에 본 교재에서는 CAM(Computer Aided Manufacturing)을 배우고자 하는 학습자들에게 NX8을 이용하여 2D Sketch, 3D Modeling, 그리고 Manufacturing까지 따라하면서 학습할 수 있도록 구성하였습니다.
또한 NX8의 기본 기능에서 Manufacturing에 익숙해질 수 있도록 다양한 연습 도면을 수록하였습니다.

아무쪼록 본 교재가 CAD/CAM를 익히고자 하는 모든 분들에게 작으나마 도움이 되었으면 하는 마음이 간절합니다. 끝으로 좋은 책을 만들기 위하여 노력하시는 북스힐 관계자 여러분들에게 깊은 감사를 드립니다.

차 례

Chapter 1

CAD/CAM 개요

Chapter 2

NX8의 시작과 구성

Chapter 3

3D−CAD 따라하기

Chapter 4

CAM 따라하기

부 록

Chapter

    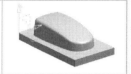

CAD/CAM 개요

1-1   CAD(Computer Aided Design)

1. CAD의 정의

일반적으로 CAD라는 용어는 Computer Aided Design의 약자로서, 제품을 생산하기 위한 일련의 과정으로 제작도를 작성하기 위한 제도(Drafting)와 제품형상의 수정과 편집 등을 효과적으로 처리하기 위하여 설계(Design)과정에 컴퓨터를 이용하는 것을 말한다. 컴퓨터가 발달하기 이전 단계에서 제품의 설계제도는 제도대와 제도지를 비롯한 각종 제도용구를 사용한 손작업에 의해 제작도가 완성되었다.

1980년대 들어 개인용 컴퓨터가 급속히 확산·발전되면서 제작도의 작성에 컴퓨터의 활용이 증가되기 시작하였으며, 현재에는 설계제품의 동적 시뮬레이션, 강도와 기능을 해석하는 과정에 컴퓨터를 활용하는 적극적인 단계에 이르렀다.

이러한 CAD의 발전단계는 다음과 같이 요약할 수 있다.

(1) 컴퓨터를 이용한 제도(Drafting)

제도지에 자와 연필을 이용하여 수작업으로 제작도를 작성해왔던 것을 대신하여 컴퓨터에 설치된 도면작성용 소프트웨어를 활용하여 모니터에 키보드와 마우스 등을 사용하여 제작도를 작성하는 도형적인 작업단계로서, 도면을 파일로 보관하여 도면관리의 편리성과 Data Base 축적에 많은 도움을 가져왔으며, 제작도면의 수정·편집에 획기적인 계기를 마련하였다.

(2) 컴퓨터를 이용한 설계(Design)

설계자의 의도에 따라 구체적으로 제품의 형상과 치수를 3차원으로 표현할 수 있으며, 재료의 선정이나 여러 가지 설계계산을 수행할 수 있는 설계적인 작업단계로서, 제품의 기하학적 형상을 표현하는 방식에 따라 다음과 같이 구분할 수 있다.

① 와이어프레임 모델링(Wire-frame modeling)
점(vertex)과 점 사이를 연결하는 선에 의해 형상의 특징을 표현하는 방식으로서, 주로

점과 곡선에 대한 정보만을 나타낼 수 있다. 물체 뒷면의 선이나 내부의 숨은선을 표현할 수 있으나, 설계나 재료선정 등의 자료로 활용하는 데에는 어려움이 있다.

② 곡면 모델링(Surface modeling)

물체의 외면을 둘러싸는 곡면에 대한 정보를 이용하여 기하학적 형상을 표현하는 방법으로서, 물체 형상을 나타내는 곡면에 대한 좌표 정보를 가지고 있다. 이러한 곡면 형상에 대한 좌표정보를 이용하여 NC(Numerical Control)가공에 유용하게 적용할 수 있는 장점이 있다.

③ 솔리드 모델링(Solid modeling)

제품의 형체를 실물에 가장 가까운 형태로 표현할 수 있으며, 물체 내외부의 입체적인 형상표현은 물론 체적, 무게, 관성모멘트 등의 물리적인 정보를 포함하고 있으므로 설계계산이나 공학적인 해석이 필요한 경우에 매우 유용한 방법이다.

또한 솔리드 모델링을 통해 모델링된 부품들의 3차원 조립형상에 대한 시뮬레이션을 통해 간섭확인, 공차해석 등을 할 수 있으며, CAM/CAE 등의 후공정에서 공구의 이동궤적이나 물체의 특성치 해석에 유용한 정보자료로 활용할 수 있다.

(3) 컴퓨터를 이용한 공학적 분석(Engineering)

설계할 제품의 재질, 체적, 무게, 관성모멘트 등의 입체정보를 활용하여 응력, 강도 및 구조 및 성능예측 등의 설계해석을 통해 설계제품의 안전성, 정확성, 효율성 등을 검증하고 확보하기 위한 단계이다. 이와 같은 CAE를 활용함으로써 설계오류를 사전에 검토함으로써 시작품의 제작을 용이하게 하며, 여러 가지 대체방안을 시뮬레이션을 통하여 비교, 검토, 수정, 보완할 수 있는 계기가 마련된다.

2. CAD 시스템 도입의 필요성

(1) 소비환경 변화의 측면

① 가격 경쟁력 확보

산업의 고도화, 세분화로 산업분류가 다양해졌으며, 동종의 유사제품을 생산하는 데 있어서 비슷한 성능을 가지면서 보다 저렴한 가격으로 생산할 수 있는 가격 경쟁력을 확보하는 데 있어서 필요하다.

② 소비자 요구의 다양화 충족

소비자의 생활수준이 향상됨에 따라 동일 기능의 제품이라도 취향에 따라서 다양한 형태의 디자인을 요구하고 있다. 이러한 요구를 충족하기 위한 다품종소량생산 체제에 유연하게 대처하기 위한 수단으로 CAD 시스템의 활용은 매우 유용하다.

③ 제품 수명주기(Life cycle)의 단축

동일한 기능을 하는 제품에서도 시장의 유행 패턴에 따라 형태와 색상은 물론 크기와 성능의 개선이 요구되는 주기가 짧아지고 있다. 이러한 제품의 수명주기의 변화에 빠르게 대응할 수 있는 측면이 있다.

④ 국제 경쟁력 강화

물류시스템의 발달과 더불어 국제적으로 성능과 가격경쟁이 치열해지고 있다. 따라서 동일한 기능의 제품에서 저렴한 가격으로 보다 좋은 성능을 가진 제품을 생산할 수 있는 국제 경쟁력을 확보하는 것이 필요하다.

(2) 설계환경 변화의 측면

① 설계 납기(Delivery)의 단축

짧아지는 제품의 수명주기에 대응하여 빠르게 제품을 공급하기 위해서 기존 제품의 Data base 활용 등을 통해 제품설계의 납기가 단축되어야 한다.

② 신제품 개발의 다양화

동일한 기능을 가진 품종의 다양화에 따른 신제품을 개발하기 위한 경쟁력을 확보하는 데 CAD 시스템의 활용은 매우 유용하다.

③ 사양의 다양화 충족을 위한 설계의 증가에 대응

소비자 요구의 다양화, 설계 납기의 단축, 제품의 다양화에 따라 산업체에서 개발하고 관리해야 할 제품의 기능과 종류가 많아져서, 이를 효과적으로 관리할 수 있도록 관련 제품별로 Data base를 구축할 필요가 있다.

1-2 CAM(Computer Aided Manufacturing)

1. CAM의 정의

일반적으로 CAM이라는 용어는 Computer Aided Manufacturing의 약자로서, 제품을 생산하기 위한 가공(Manufacturing) 과정에 컴퓨터를 이용하는 것을 말한다.

즉, CAD 시스템을 통해 곡면모델링 또는 솔리드모델링으로 구체화된 모델 형상을 가공할 공구와 가공 경로, 가공 깊이 등을 비롯한 가공 조건을 설정하여 가공에 필요한 NC Data를 생성시키고, 생성된 NC Data를 수치제어 공작기계에 연계하여 가공하는 일련의 제조과정을 일컫는다.

보다 폭넓은 의미로서 CAM은 CAD 시스템에 의해 구체적으로 형상화된 모델을 이용하여 가공 및 생산에 필요한 자료를 얻어내는 기술로서 컴퓨터를 이용한 공정 감시(Process monitering)와 제어(Control), 자동공정계획, 작업표준설정, 생산일정과 자재수급계획 등 생산공정 전반에 걸친 과정을 제어하는 것을 포함하고 있다.

2. CAE/CAD/CAM/CAT의 연계성

한 제품의 구체적인 형상을 구안하는 과정에 CAE/CAD/CAM 시스템을 통하여 단순화, 가속화하면서 실물을 만드는 것과 같은 그래픽 정보와 내부의 비 그래픽 정보를 보유하는 3차원 모델을 생성하고, 높은 수준의 엔지니어링 기술을 적용하기 위한 것이 기하학적 모델링(Geometric modeling)이다.

설계자의 의도에 따라 이러한 기하학적 모델을 확대, 축소, 회전, 이동, 수정, 편집하면서 원하는 형태의 모델을 완성시켜 나간다.

솔리드 모델은 보다 완전한 형태로 제품의 형상을 구현하며, 이 형상으로부터 표면적, 무게, 관성모멘트 등과 같은 물리적 성질을 자동적으로 계산해내어 설계와 해석과정을 진행할 수 있다. 설계와 분석과정을 마친 솔리드 모델은 수치제어 가공을 하기 위한 공구궤적 등을 산출하기 위한 실제적인 자료로 이용된다. 이와 같은 설계자와 가공자는 여러 요소들을 실제모형을 제작하지 않고도 CAE/CAD/CAM을 활용함으로써 곡면과 모서리의 처리와 간섭확인, 기타 설계규정에 적합하도록 점검·확인한 후 생산가공을 할 수 있다.

CAM을 통해 생산된 제품이 요구되는 성능에 부합되도록 가공되었는지 컴퓨터를 이용하여 측정하고 테스트하는 과정을 CAT(Computer Aided Testing)이라 한다.

다음 그림은 CAE/CAD/CAM/CAT 과정의 흐름을 개략적으로 보여준다.

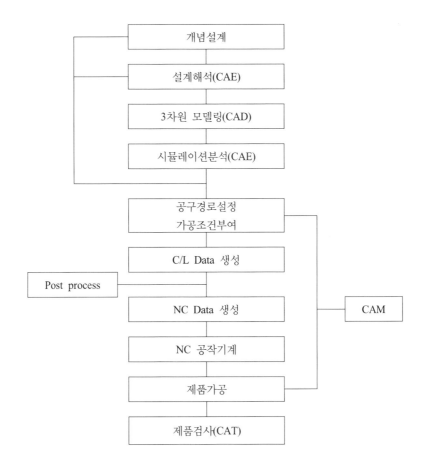

3. CAD/CAM의 활용효과

(1) 설계의 생산성 향상

- 복잡하고 반복되는 제품의 설계에 유리하다.
- 구조 및 응력해석을 통한 성능평가가 가능하다.
- 도면의 수정과 편집이 용이하며, 도면품질이 높아진다.
- 기존 도면의 변경과 수정을 통한 설계변경이 쉬워진다.
- 업무표준화 촉진과 기술부시간 의사소통을 원활하게 한다.
- 설계자료의 관리가 쉬워지며, 제품개발기간을 단축할 수 있다.

(2) 제품의 생산성 향상

- NC 프로그램의 자동생성으로 생산성이 향상된다.
- 재료와 부품목록의 작성과 관리가 용이해진다.
- 가공공정의 자동화를 통해 무인화가 가능해진다.
- 복잡한 3차원 형상의 정밀가공과 대량생산에 유리하다.

1-3 NC 공작기계

1. 수치제어(NC) 시스템의 경제성

(1) 장 점

① 반복적인 정밀작업으로 시간을 단축으로 생산효율이 증가한다.
② 초기에 정해놓은 절삭속도와 깊이가 그대로 유지되며, 공구의 수명이 길어진다.
③ NC 기계를 사용함으로써 재료의 낭비가 감소된다.
④ 한 대의 NC 기계가 여러 대의 범용 기계를 대신함으로써 기계설비 공간을 감소시킬 수 있다.
⑤ 복잡한 부품에 대한 공구비, 창고비, 설치비 등이 줄어든다.

⑥ 3차원 작업 또는 2차원 윤곽작업을 정밀도 있게 할 수 있다.

(2) 단 점

① 장비의 초기 투자액이 많이 든다.
② 제품 생산의 준비시간이 길어질 수 있다.

2. 머시닝센터(Machining center)란

(1) NC밀링 : 수동밀링에 컴퓨터가 제어하는 서보 모터에 의해 제어되도록 한 것이다.

(2) 머시닝센터 : NC밀링에 자동공구교환장치(ATC : Automatic Tool Changer)를 부착한 것이라고 할 수 있다.

① 공구 교환 장치(ATC : Automatic Tool Changer) : ATC(Automatic Tool Changer)는 주축에 고정되어 있는 공구를 다음 가공에 사용될 공구로 매거진에서 선택하여 교환하여 주는 장치이다. 종류에는 시퀀스 방식과 랜덤 방식이 있다.
② 공작물 교환 장치(APC : Automatic Pallet Changer) : 기계가 멈춰 있는 시간 중에 가장 많이 차지하는 시간이 작업물을 싣고 내리는 시간일 것이다. 자동 공작물(테이블/팰릿) 교환 장치는 기계의 작업 중에 테이블 옆의 다른 팰릿에 작업물을 고정하고 작업이 끝나면 바로 팰릿을 교환하여 기계가 멈춰 있는 시간을 최소로 하는 기계이다. 팰릿 교환 시간은 몇 초면 가능하므로 리드 타임을 줄일 수 있어 생산성 향상에 도움을 준다.

3. 머시닝센터의 장점

(1) 소형부품은 1회에 여러 개 고정하여 연속 작업이 가능하다.

(2) 가공물의 한 번 고정으로 면 가공, 드릴링, 태핑, 보링 등이 가능하다.

(3) 형상이 복잡하고 많은 공정이 함축된 제품일수록 가공 효과가 우수하다.

(4) 공구를 자동 교환함으로써 리드 타임을 줄일 수 있다.

(5) 원호 가공 등의 기능으로 엔드밀을 사용하여도 치수별 보링 작업을 할 수 있어 특수 공구의 제작이 불필요하다.

(6) 컴퓨터를 내장한 NC이므로 메모리(Memory) 작업을 할 수 있다.

(7) 프로그램의 작성 및 편집을 기계에서 직접 할 수 있다.

(8) 주축 회전수의 제어 범위가 크고 무단 변속이므로 요구 회전수에 빠르게 도달할 수 있다.

1-4   생산자동화 시스템

1. FMS(Flexible Manufacturing System)

FMS는 유연생산체계(Flexible Manufacturing System)의 약자로서, 산업의 고도화와 소비자 요구의 다양화에 따라서 짧아지는 제품의 수명주기(Life cycle)에 유연하게 대응하면서 제품을 공급하기 위한 생산체계이다. 이러한 추세에 따라 FMS는 공작기계를 대상으로 하는 것이 많으며, 다품종소량생산이 용이하도록 품종의 유연성과 생산량 유연성을 확보해야 하며, 이들 유연성을 조절할 수 있도록 설비투자의 유연성 확보에도 주력해야 한다.

이러한 FMS를 구축하기 위한 최소단위로서 FMC(Flexible Manufacturing Cell)는 1대의 수치제어공작기계를 수 시간 이상 무인 가공할 수 있도록 NC 공작기계, 공작물을 자동으로 공급하고 자동착탈을 위한 로봇, 감시(Monitering)장치로 구성되는 FMS의 기본 단위이다. 이와 같은 FMC는 서로 독립적이므로 생산설비의 배치변경 등을 비롯한 설비투자의 유연성을 확보하기 위한 기본 단위 구성인 것이다.

FMS는 이외에도 가공소재의 처리, 제품 반송장치, 시스템 제어 등의 분야에 대해서도 자동화를 이루는 생산시스템이다.

2. CIM(Computer Integrate Manufacturing)

CIM은 컴퓨터를 이용하여 설계 및 생산, 생산관리의 통합을 통한 컴퓨터통합생산

(Computer Integrate Manufacturing) 시스템의 약자로서, 컴퓨터를 이용하여 제품생산에 관한 모든 활동을 유기적으로 결합하여 효율성을 높여 합리화하는 데 목적을 가진 컴퓨터통합생산 시스템을 일컫는다.

공장 내에 분산되어 있는 여러 단위의 FMS와 생산기술 및 경영관리 시스템까지 모두 통합하여 종합적으로 관리하는 생산시스템이다.

즉, 컴퓨터를 이용하여 생산활동을 하는 데 필요한 CAD/CAM/CAE/CAT와 생산관리 업무를 유기적으로 통합하여 재료구매, 자재관리, 설계, 생산, 검사, 영업에 이르는 전 과정이 통합적인 정보흐름을 통해 합리적으로 이루어지는 시스템이다.

3. FA(Factory Automation)

FA는 공장자동화(Factory Automation)의 약자로서, 단순한 제작공정의 자동화뿐만 아니라 컴퓨터를 활용하여 CAD/CAM/CAE/CAT를 포함하여 재료와 제품의 운반, 조립공정, 검사, 출하에 이르기까지 공장 전체의 공정을 자동화하는 것을 말한다. 특히 FA는 다품종소량생산 시스템 공장의 종합적이고 효율적이며, 경제적인 자동화에 초점을 두고 생산공정을 자동화하여 생력화(省力化)하는 데 궁극적인 목적이 있다.

Chapter 2

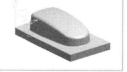

NX8의 시작과 구성

2-1 NX8의 시작

1. NX8을 실행하면 다음과 같은 초기화면이 나타난다.

2. 새로 만들기(New)를 선택하면 Model, Drawing, Simulation, Manufacturing 탭이 나타난다. 여기서 사용할 응용프로그램을 선택하여 작업을 시작하게 된다.

☞ Model은 3차원 모델링 파트파일을 생성할 때 사용하며 Model, Assembly 등의 작업을 할 수 있다.

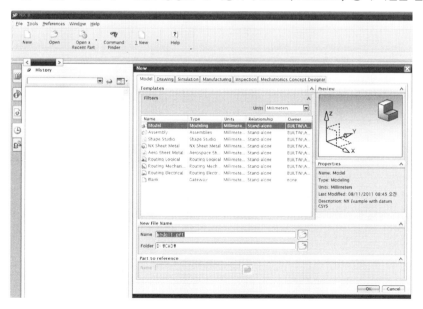

TIP 좌측상단 아이콘영역에서 새로 만들기(New), 열기(Open), 최근파트열기(Open a Recent Part)는 다음과 같은
유형을 선택할 수 있다.

- New : 새로운 작업을 시작한다.
- Open : 저장된 파일을 불러온다.
- Open a Recent part : 최근에 작업한 파트파일을 다시 불러온다.

☞ Drafting은 사용자가 정의하는 템플릿에서 2차원 도면을 작도할 때 사용한다.

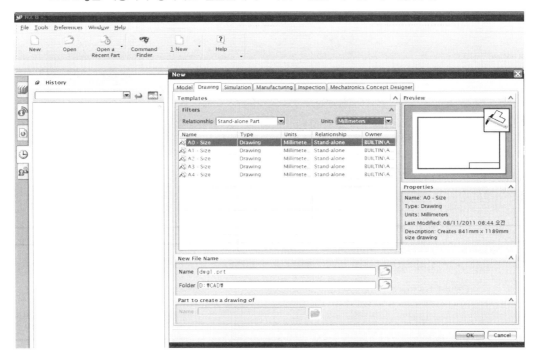

☞ Simulation은 Nastran, Ansys 등을 이용하여 해석을 수행할 때 사용한다.

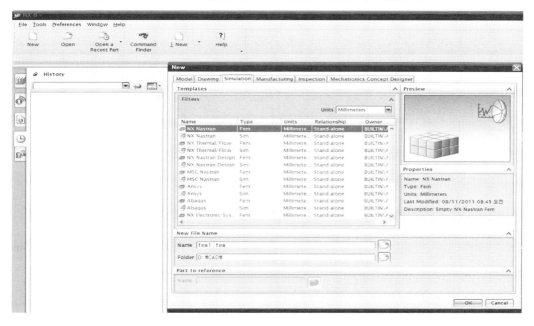

☞ Manufacturing에서는 모델링한 파트에 대한 CAM설정을 하고, CNC가공을 하기 위한 NC프로그
램 Data를 생성할 수 있다.

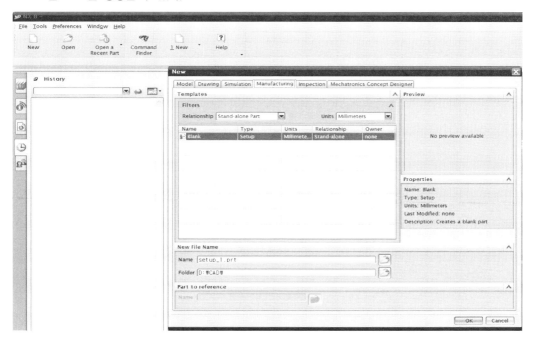

☞ Inspection에서 제품이 설계한 의도대로 적합하게 가공되었지 검사하기 위한 측정에 관한 설정
   을 수행할 수 있다.

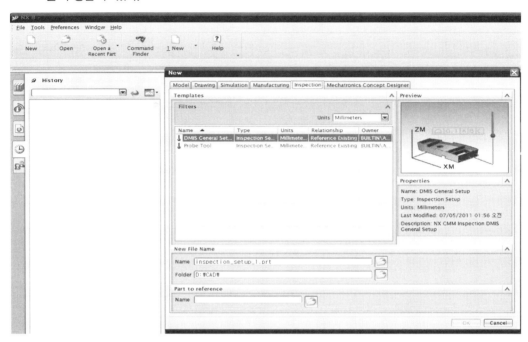

2-2 NX8의 화면구성

1. 시작화면

다음은 New(새로 만들기, New...)를 선택하고 Model을 선택한 후 파트파일의 이름과 저장할 폴더를 지정한 다음 OK 한 화면이다. 여기에서 사용할 모듈을 Start 에서 선택하면 된다.

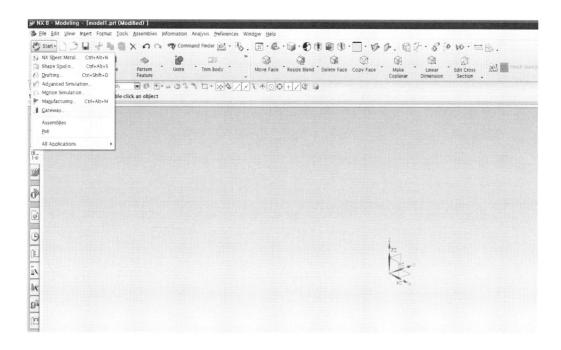

2. 제목표시

현재 작업 중인 응용프로그램의 종류와 파일명을 나타낸다.

NX 8 - Modeling - [model1.prt (Modified)]

3. 풀다운(pulldown) 메뉴

사용하는 응용 프로그램에 따라 풀다운 메뉴는 다르며, 메뉴를 선택하면 하위 메뉴를
선택할 수 있다.

Ｆile   Ｅdit   Ｖiew   In̲sert   Format   Ｔools   Ａssemblies   Ｉnformation   Ａnalysis   Ｐreferences   Windo̲w   Ｈelp

(1) File(파일)

새로운 파일을 생성하여 모델링 작업을 시작하거나, 기존의 파일을 열어서 수정 및 편
집을 할 수 있도록 파일을 관리하는 기능을 제공한다.

① Open(열기) : 기존의 파일을 여는 기능은 물론이며 파일형식을 바꾸면 Data Import
   기능으로 다른 형식의 파일도 열 수 있다.

② Close(닫기) : 열려 있는 파일을 선택적으로 닫거나 모두 닫는다.

③ Save Work Part Only(작업파트만 저장) : 현재 작업 중인 파트 파일을 저장한다.

④ Save As(다른 이름으로 저장) : Display 되어 있는 파일을 다른 이름으로 저장하며, 다
   른 파일형식으로 바꾸어 저장할 수도 있다.

⑤ Save All(모두 저장) : 열려 있는 모든 수정된 파일을 저장한다.

⑥ Save Bookmark(책갈피 저장) : Assembly Navigator 필터를 정의한 *.bkm 파일을 저
   장한다.

⑦ Options(옵션) : 파일의 저장 옵션이나 로드 옵션 등을 설정한다.

   ⓐ Assembly Load Option(어셈블리 로드 옵션) : NX5가 파트파일을 로드하는 방식과
      위치를 정의한다.

   ⓑ Save Option(저장 옵션) : 파트파일을 저장할 때 수행할 작업을 정의한다.

⑧ Print(프린터) : 현재 작업창에 나타난 영역을 단순 출력한다.

⑨ Plot(플로터) : 다양한 설정값을 조절하여 출력한다.

⑩ Send to Package File(패키지 파일 보내기) : PCF 패키지 파일로 보낸다.

⑪ Import(가져오기) : IGES, STEP, DXF 등의 다른 형식의 파일을 Import 한다.

⑫ Export(내보내기) : NX5에서 만든 대상을 IGES, STEP, DXF 등의 다른 파일형식으로
   Export 한다.

⑬ Utilities(유틸리티) : 현재 열려있는 피처들의 정보를 설정한다.

   ⓐ Customer Defaults(사용자 기본값) : 사이트, 그룹, 사용자 수준에서 명령과 다이얼
로그의 초기 설정과 매개변수를 제어한다.

   ⓑ Part Cleanup(파트 클린업) : 파트에서 불필요한 객체를 삭제하거나 지운다.

⑭ Properties(특성) : 현재 열려있는 파일의 특성 또는 정보를 보여준다.

⑮ Recently Opened Parts(최근 열린 파트) : 최근에 작업했던 파일을 보여주며, 선택하
면 열린다.

⑯ Exit(종료) : 작업을 종료한다.

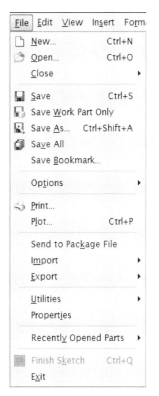

(2) Edit(편집)

이미 작성된 각종 Entity를 수정할 수 있는 기능을 제공한다. 각종 응용 프로그램에 따
라 메뉴가 바뀔 수도 있으며 아래의 명령들은 Modeling 응용프로그램을 실행했을 때 사용
할 수 있는 명령어다.

① Undo list(실행취소 리스트) : 작업과정의 실행 내역을 보여 주며 취소한다.

② Redo(다시 실행) : 앞에서 실행한 작업을 다시 실행한다.

③ Cut(잘라내기) : 객체단위로 잘라낸다.

④ Copy(복사) : 객체단위로 복제한다.

⑤ Copy Display(화면표시 복사) : NX8 작업창의 내용의 벡터 영상을 복사한다.

⑥ Paste(붙여넣기) : 객체나 작업단위로 붙여 넣는다.

⑦ Paste Special(선택하여 붙여넣기) : 객체를 붙여 넣기할 때 레이어와 좌표계 위치를 새롭게 설정하는 작업이 가능하다.

⑧ Delete(삭제) : 객체단위로 선택한 대상물 삭제한다.

⑨ Selection(선택) : 다른 작업을 적용하게 전에 적용대상물을 선택한다.

⑩ Object Display(객체화면 표시) : 선택한 대상물의 색상이나 글필 등을 재정의할 수 있다.

⑪ Show and Hide(표시 및 숨기기) : 선택한 대상물을 숨기거나 숨겨진 요소를 보이게 할 수 있다.

⑫ Move Object(객체 변환) : 선택한 대상물의 이동, 복사, 회전, Scale 등을 할 수 있다.

⑬ Properties(특성) : 객체단위나 작업단위로 대상물을 선택하여 관련된 특성 (Name..)을 확인하고 필요시 특성 값의 편집이 가능하다.

⑭ Curve(곡선) : 피처 작업 중 곡선의 편집모드로 전환한다.

⑮ Feature(피처) : Feature에서 작업한 대상물을 수정, 편집한다.

(3) View(뷰)

현재 작업 View에서 Object의 Display 상태를 관리하는 기능이다.

① Operation(오퍼레이션) : 화면을 줌, 회전 등을 조절하여 화면을 Redisplay하는 등의 기능을 한다.

② Section(단면) : 파트의 단면 등을 나타낼 때 사용하는 기능이다.

③ Visualization(시각화) : Light, Materials, Texture 등을 정의하여 대상물에 효과를 주거나 이미지 파일을 (TIF) 작업 창에 띄워 작업할 수 있다.

④ Camera(카메라) : 디스플레이된 화면을 캡처할 수 있다.

⑤ Layout(레이아웃) : 작업 View를 여러 개로 정의할 수 있다.

⑥ Show Resource Bar(리소스바 표시) : 체크(선택)하여 Resource Bar를 보이게 설정한다.

⑦ Full Screen(전체화면) : 그래픽 화면을 최대 크기로 표시하는 데 사용한다.

(4) Insert(삽입)

① Sketch(스케치) : 스케치 모드로 전환한다.

② Datum/Point(데이텀/점) : 데이텀 평면, 데이텀 축, 데이텀 CSYS, 점을 생성한다.

③ Curve(곡선) : 선, 원, 원호 등을 생성한다.

④ Curve from Curves(곡선에서의 곡선) : 곡선으로부터 곡선을 생성하는 기능을 한다.

⑤ Curve from Body(바디에서의 곡선) : 바디로부터 곡선을 생성할 때 사용한다.

⑥ Design Feature(특징형상 설계) : 형상의 특징에 따라 여러 가지 특징형상을 생성한다.

⑦ Associative Copy(연관 복사) : 특징형상에 연관하여 복사하는 기능을 수행한다.

⑧ Combine(결합) : 형상들간에 결합, 빼기, 교차 등의 연산을 수행한다.

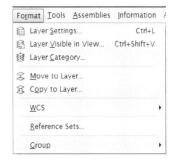

⑨ Trim(트리밍) : 특징형상을 자르기하는 등 수정작업을 수행한다.

⑩ Offset/Scale(옵셋/배율) : 특징형상의 표면을 평행복사하거나 크기배율을 조절한다.

⑪ Detail Feature(상세 특징형상) : 특징형상에 대하여 구배, 필렛, 모떼기 등의 상세형상을 수정할 수 있다.

⑫ Mesh Surface(메시 곡면) : 메시곡면을 생성하는 기능을 한다.

⑬ Sweep(스윕) : 스윕곡면을 생성할 수 있다.

⑭ Synchronous Modeling(동기 모델링) : 면과 필렛에 대한 동기 모델링을 할 수 있다.

(5) Format(형식)

Layer 속성을 정의할 수 있는 기능을 제공하며 각 대상물에 이름이나 패턴 등을 정의할 수 있다.

① Layer Settings(레이어 설정) : 작업 레이어, 보이는 레이어, 보이지 않는 레이어를 설정하고 레이어의 카테고리 이름을 정의한다.

② Layer Visible in View(뷰에서 볼 수 있는 레이어) : 뷰에서 보이는 레이어와 보이지 않는 레이어를 설정한다.

③ Layer Category(레이어 카테고리) : 레이어의 명명된 그룹을 생성한다.

④ Move to layer(레이어로 이동) : 선택한 대상을 다른 Layer로 이동시킨다.

⑤ Copy to layer(레이어로 복사) : 선택한 대상을 다른 Layer로 복사한다.

⑥ WCS(WCS) : 작업할 평면을 지정하고 좌표계의 위치나 방향을 바꿀 수 있는 명령이며 여러 가지 방법에 의하여 좌표계를 만들 수 있다. 좌표계를 저장하여 사용할 수도 있다.

⑦ Reference Sets(참조 세트) : 각 컴포넌트에서 로드하는 데이터 양과 어셈블리 콘텍스트에서 볼 수 있는 데이터 양을 제어하는 환경설정을 생성하고 설정한다.

⑧ Group(그룹) : 여러 개의 대상물을 모을 수 있다. 그리고 하나의 단위로 정의한다. 여러 개의 Feature를 하나의 그룹으로 묶어 관리한다. 그룹이 지워질 경우 그룹에 속해 있던 Feature 또한 지워진다.

(6) Tools(공구)

① Expression(수식) : 수식을 생성하고 수정한다.

② Spreadsheet(스프레드시트) : NX8에서 스프레드시트로 모델 데이터를 전송한다.

③ Materials(재료) : 재료를 정의하고 객체에 적용한다.

④ Update(업데이트) : 모델의 수정 후 Date를 Update 시킨다.

⑤ Journal(저널) : 대화형 NX 세션을 저널파일로 저장, 재생, 편집을 한다.

⑥ Customize(사용자 정의) : 메뉴, 도구모음, 아이콘 크기 등을 사용자가 설정한다.

(7) Assembly(어셈블리)

한 모델을 여러 User가 동시에 부분 작업을 하였을 경우 각 부품들을 조립하는 기능이
다. Assembly 응용프로그램을 실행시켜야 사용할 수 있다.

① Context Control(콘텍스트 제어) : Assembly된 여러 개의 부품에서 하나의 부품을 제
어하는 기능을 한다.

② Component Position(컴포넌트 위치) : 컴포넌트의 자유도 위치를 보여주는 기능을 한다.

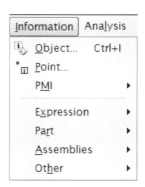

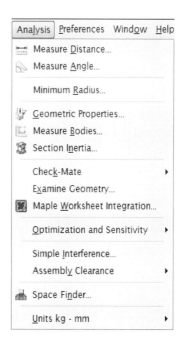

(8) Information(정보)

선택하는 대상물에 대한 정보를 제공한다.

① Object(객체) : 객체를 선택하면 객체에 대한 정보를 나열한다.

② Point(점) : 점을 클릭하면 점에 대한 정보를 나열한다.

③ PMI : PMI에 관한 다양한 정보를 제공한다.

④ Expression(수식) : 수식에 관한 다양한 정보를 제공한다.

⑤ Part(파트) : 파트에 관한 히스토리 등에 관한 다양한 정보를 제공한다.

⑥ Assembly(어셈블리) : 어셈블리한 구성요소의 목록 등 다양한 정보를 제공한다.

⑦ Other(기타) : 파트의 레이어 목록 등에 관한 기타 정보를 제공한다.

(9) Analysis(해석)

선택하는 대상물에 대한 측정하고, 분석한 Data를 보여주는 기능을 제공한다.

① Measure Distance(거리 측정) : 선택한 요소의 거리를 측정한 결과를 나타낸다.

② Measure Angle(각도) : 선택한 요소의 각도를 측정한 결과를 나타낸다.

③ Minimum Radius(최소반경) : 선택한 특징형상에서 최소 반지름을 나타낸다.

④ Geometry Properties(지오메트리 특성) : 선택한 바디에 대한 직선, 모서리, 면에 대한 기하학적 정보를 계산하여 보여준다.

⑤ Measure Body(바디 측정) : 선택한 솔리드바디의 질량, 체적, 모멘트 등에 대한 정보를 계산하여 나타낸다.

⑥ Examine Geometry(형상 조사) : 선택한 바디를 이루는 점, 선, 모서리, 곡면 등의 연관성에 대한 기하학적 정보를 나타낸다.

(10) Preferences(환경설정)

작업환경을 설정하는 기능이다. Drafting에서는 기본설정 외에도 미리 정의한 대상물을 편집할 수 있다.

① Object(객체) : 객체의 레이어, 색상이나 음영 등을 설정한다.

② User Interface(사용자 인터페이스) : 다양한 사용자 인터페이스 환경을 제공한다.

③ Palettes(팔레트) : 팔레트 설정을 다양하게 할 수 있다.

④ Selection(선택) : 마우스 선택창의 크기, 화면음영 등 다양한 설정을 제공한다.

⑤ Visualization(시각화) : 작업대상물에 대한 시각화 환경을 설정할 수 있다.

⑥ Visualization Performance(시각화 성능) : 시각화하는 성능을 설정한다.

⑦ 3D Input Device(3D 입력장치) : 3D 입력장치를 설정한다.

⑧ Assemblies(어셈블리) : 어셈블리 사용 환경을 설정한다.

⑨ Sketch(스케치) : 스케치 객체의 표시와 스케치 도구의 사용 환경에 대한 설정을 한다.

⑩ PMI : PMI를 설정한다.

(11) Window(윈도우)

Open 되어 있는 파일을 선택적으로 사용할 수 있다.

① New Window(새 윈도우)

② Cascade(캐스케이드)

③ Tile Horizontally(가로 바둑판식 배열)

④ Tile Vertical(세로 바둑판식 배열)

(12) Help(도움말)

다음과 같은 다양한 도움말 및 자료를 제공한다.

① On Context(설명보기)

② NX Help(NX 도움)

③ Release Notes(릴리즈 노트)

④ What's New Guide(새로운 내용)

⑤ Training(교육)

⑥ Capture Incident Report Data(IR 데이터 캡쳐)

⑦ Log File(NX 로그 파일)

⑧ Online Technical Support(온라인 기술 지원)

⑨ About NX (NX 정보)

4. Selection Filter/Entire Assembly

선택필터에서는 사용자가 작업할 객체를 선택하기 쉽게 하는 기능을 제공한다.

5. 작업 아이콘

NX 응용 프로그램을 편리하게 사용할 수 있도록 풀다운(pulldown) 메뉴의 기능들을 아이콘으로 만들었다. Tool(도구)의 Customize(사용자 정의)에서 아이콘을 추가하거나 제거할 수 있으며, 아이콘 크기도 Option에서 변경할 수 있다.

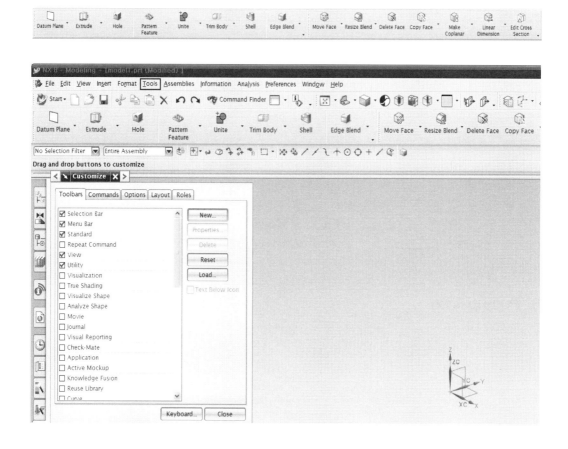

6. 데이텀 좌표계(CSYS)

　　데이텀 좌표계는 3개의 데이텀 평면(X-Y평면, Y-Z평면, X-Z평면)과 3개의 데이텀 축(X축, Y축, Z축), 1개의 원점(Origin Point)로 이루어져 있으며, 스케치 평면이나 기준면, 기준축, 원점으로 사용한다. 특징형상을 생성할 때 유용하게 이용된다.

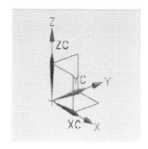

7. 작업 좌표계(Work Coordinate System, WCS)

　모델링 작업의 기준이 되는 작업 좌표계로서, 축을 선택하여 화면을 회전하여 특징형상을 볼 수 있다. 풀다운 메뉴의 Format에서 WCS를 변경할 수 있다.

8. Pop-up Icon

　화면이나 객체에서 마우스 오른쪽 버튼을 길게 누르면 나타나는 창으로서, 화면에서 눌렀을 경우에는 화면표시 제어 아이콘이 나타나며, 객체에서 눌렀을 경우에는 객체 수정작업에 관한 아이콘이 나타난다.

[화면에서 눌렀을 경우]　　　　　　[객체에서 눌렀을 경우]

9. Resource Bar

　어셈블리 탐색기, 구속조건 탐색기, 파트 탐색기 등 작업 편의성을 위한 기능을 제공하며, 히스토리는 작업시간 시간 순서에 의해 정렬된다.

- 어셈블리 탐색기 : 조립된 부품의 상태를 트리구조로 나타낸다.
- 구속조건 탐색기 : 조립 부품의 구속조건을 트리구조로 나타낸다.
- 파트 탐색기 : 작업내용을 순서대로 나열하거나 종속관계로 표시한다.
- 라이브러 재사용 : 자주 사용하는 객체를 라이브러리로 만들어서 필요할 때 재사용할 수 있다.
- HD3D 도구 : 시각적 도구를 사용하여 객체를 윈도우에서 바로 시각화할 수 있고, 제품의 유효성 검사를 할 수 있다.
- Internet Explorer : 웹 주소를 입력하여 온라인 작업을 수행할 수 있다.
- 히스토리 : 이전에 작업했던 파일을 불러올 수 있다.
- 시스템 재료 : 객체에 대한 재질감을 부여할 수 있다.
- Process Studio : NX를 활용한 해석 마법사에 관한 내용을 수행한다.
- 제조마법사 : Manufacturing 마법사를 수행한다.
- 역할 : 사용자 수준에 적합한 도구 환경을 설정할 수 있다.
- 시스템 장면 : 시각적 장면을 설정할 수 있다.

10. Radial Pop-Up

Ctrl+Shift키를 누른 상태에서 마우스 왼쪽, 가운데, 오른쪽 버튼을 순서대로 누르면 다음 그림과 같은 팝업 창이 나타난다. 여기서 아이콘을 선택하면 쉽고 빠르게 해당 기능을 실행할 수 있다.

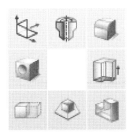 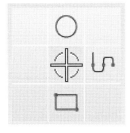 

11. Pop-Up Menu

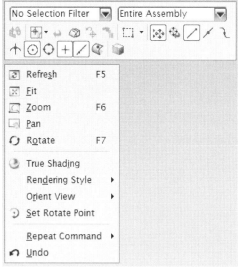
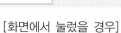

[화면에서 눌렀을 경우]   [객체에서 눌렀을 경우]

2-3 사용 환경설정

1. Customer Defaults(사용자 기본값)

풀다운 메뉴에서 File의 Utility에서 사용자 환경을 설정할 수 있다. 사용자가 설정한 사용 환경을 유지하기 위해서는 사용자 기본값을 설정해야 한다.

2. Customize(사용자 정의)

풀다운 메뉴에서 Tool의 Customize에서 도구모음 보기, 명령, 옵션, 레이아웃, 역할 등에 대한 사용자 정의를 설정할 수 있다.

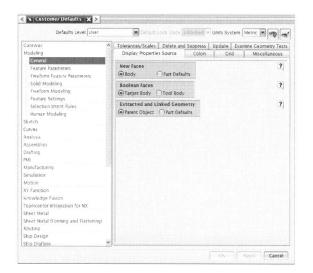

3. 아이콘 버튼 추가 및 제거

다음 그림처럼 Add or Remove Button을 클릭해서 도구 아이콘을 추가 선택할 수 있다.

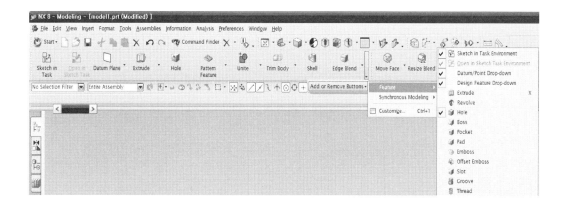

4. 프로그램 언어변경

내 컴퓨터에서 마우스 오른쪽 버튼을 눌러 속성을 선택하여 고급-환경변수-시스템 변수에서 UGII_LANG를 선택하고 편집을 선택해서 변수값에 사용할 언어를 English 또는 Korean을 입력하여 사용언어를 선택할 수 있다.

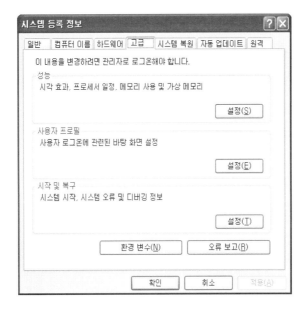

5. NX8의 한글저장 폴더사용

내 컴퓨터에서 마우스 오른쪽 버튼을 눌러 속성을 선택하여 고급-환경변수-시스템 변수에서 새로 만들기를 클릭해서 변수이름-UGII_UTF8_MODE, 변수 값-1을 입력하고 확인한다.

다음과 같이 설정된 것을 확인하고 NX8을 재실행하면 한글폴더에 작업파일을 저장할 수 있게 된다.

6. Snap Pont(스냅 점)

객체를 생성하거나 편집할 때 사용할 점 추정 방법이다. 모델링, 스케치, Shape Studio, Dynamic WCS에서 활성화시켜 사용할 수 있다.

- 스냅 점 활성 : 객체위치를 점으로 스냅할 수 있도록 하도록 활성화 한다.
- 끝점 : 객체의 양단의 끝을 점으로 선택한다.
- 중간점 : 객체의 가운데를 점으로 선택한다.
- 제어점 : 객체의 양쪽 끝단과 중간점을 선택한다.
- 교차점 : 두 객체의 교차점을 찾아 선택한다.
- 중심점 : 원, 호, 타원과 같은 객체의 중심을 점으로 찾아 선택한다.
- 사분점 : 원, 호, 타원과 같은 객체의 사분점을 점으로 찾아 선택한다.
- 기존점 : 이미 객체에 존재하는 점을 찾아 선택한다.
- 곡선위의 점 : 곡선 객체상의 임의 점을 선택한다.
- 곡면위의 점 : 곡면 객체상의 임의 점을 찾아 선택한다.

7. 마우스 사용법

(1) 마우스 왼쪽 버튼(MB1) : 객체를 선택할 때 사용한다.

(2) 마우스 중간 버튼(MB2) : Enter 기능 또는 누른 상태에서 마우스를 움직여서 객체를 회전시킬 수 있다.

(3) 마우스 오른쪽 버튼(MB3) : 화면상에서 짧게 누르면 Pop-Up 메뉴
화면상에서 길게 누르면 디스플레이 변경
객체 위에서 길게 누르면 객체편집

(4) Ctrl+MB2, MB1+MB2 : Zoom In-Out 기능

(5) Shift+MB2, MB2+MB3 : Pan 기능

2-4   스케치 시작하기

스케치에서는 사용자가 선택한 평면에 2차원 형상을 나타내는 선과 점을 그릴 수 있으며, 치수기입과 구속조건을 부여할 수 있다. 스케치한 특징형상은 다른 모델링 특징형상을 생성하는 데 재사용이 가능한 객체이다. NX를 사용한 모델링의 강력한 부분인 구속조건기반 스케치와 모델링이 가능하다. 구속조건기반 스케치와 모델링은 치수를 변수로 할 경우에 객체사이의 기하학적 형상을 쉽고 신속하게 변경할 수 있는 장점이 있다.

1. 스케치 실행

(1) Direct Sketch(직접스케치)

직접스케치 도구를 사용하여 3차원 평면상에서 스케치를 할 수 있다.

도구 아이콘 📷 을 클릭하거나 풀다운 메뉴에서 📷 Sketch… 을 선택해서 스케치를 실행한다.

(2) Task환경 Sketch

NX7 이전 환경에서와 같이 2차원 평면상에서 스케치를 실행할 수 있다.

다음 그림에서와 같이 ✔ 📷 Sketch in Task Environment 을 체크하면 도구모음에 📷 Sketch in Task 이 생성되어 타스크 스케치 작업을 수행할 수 있다.

2. Create Sketch(스케치 생성)

스케치를 하기 위해 필요한 평면을 생성하는 기능이다.

(1) Type : 스케치 평면을 생성하는 방법을 설정한다. 평면을 정의하는 다양한 방법을 제공하므로 새로운 스케치 평면을 생성할 수 있다.

• On Plane : 데이텀 평면 또는 일반 평면을 스케치 평면으로 선택할 수 있다.

• On Path : 공간상의 경로곡선에 평면을 설정하여 스케치할 수 있다. 주로 Sweep곡 면을 작성할 때 경로곡선에 단면곡선을 정의할 때 사용한다.

(2) Sketch Plane : 데이텀 평면이나 새로운 평면을 지정하여 스케치 평면을 지정한다.

(3) Path(경로) : 특정곡선 객체나 모서리에 스케치 평면을 생성한다.

(4) Sketch Orientation : 지정된 스케치 평면에 참조할 방향을 지정한다. 기본설정으로 해도 무방하다.

• Horizontal : XC방향으로 참조할 축 또는 선을 지정한다.

• Vertical : YC방향으로 참조할 축 또는 선을 지정한다.

3. Sketcher(스케치 요소)

(1) Finish Sketch(스케치 종료, Finish Sketch) : 스케치 작업을 완료하고 스케치를 종료할 때 사용한다.

(2) Sketch Name(스케치 이름, SKETCH_001 ▼) : 작업한 파트의 모든 스케치 이름을 지정하거나 변경할 수 있고, 선택하여 스케치를 편집할 수 있다.

(3) Orient View to Sketch(스케치 뷰 전환,) : 스케치 작업평면을 직접 내려다보는 방향으로 전환한다.

(4) Reattach(재첨부,) : 데이텀 평면 또는 다른 평면에 스케치를 추가하고 스케치 방향 참조를 변경할 수 있다.

(5) Display Object Color(객체색상표시,) : 스케치 곡선의 색상을 변경할 수 있다.

4. Sketch Tools(스케치 도구)

- Profile : 선과 원호들이 연결된 곡선과 같이 다양한 곡선을 그릴 때 사용한다.

- Line : 구속조건을 추정하면서 직선을 그릴 수 있다.

- Arc : 시작점과 끝점, 반지름을 지정하여 원호를 그릴 수 있다.

- Circle : 중심점과 지름을 지정하여 원을 그릴 때 사용한다.

- Fillet : 반지름 값을 지정하여 곡선 사이의 모서리를 모깎기할 때 사용한다.

- Chamfer : 두 개의 스케치 곡선의 모서리를 모따기할 수 있다.

- Rectangle : 사각형을 그릴 때 사용한다.

- Polygon : 다각형의 변수를 지정하여 그릴 수 있다.

- Ellipse : 중심점을 지정하고 장축과 단축의 반지름을 이용하여 타원을 그릴 수 있다.

- ✧ Studio Spline : 스플라인 곡선을 그릴 때 사용한다.

- ✛ Point : 점을 생성할 때 사용한다.

- ◔ Offset Curve : 스케치 곡선을 평행 복사할 때 사용한다.

- ◷ Pattern Curve : 스케치 평면상에 있는 곡선체인을 여러 개 배열(패턴)할 수 있다.

- ◶ Mirror Curve : 스케치 평면상에 있는 곡선체인을 대칭 복사할 수 있다.

- ◨ Intersection Curve : 스케치 평면과 곡선사이에 교차점을 생성한다.

- ◸ Quick Trim : 선택한 곡선과 가장 가까운 교차점 또는 선택한 경계를 기준으로 곡선을 잘라낼 때 사용한다.

- ◹ Quick Extend : 가장 가까운 곡선 또는 선택한 경계까지 선을 연장한다.

- ◺ Make Corner : 두 곡선을 연장하거나 트리밍해서 코너를 만들 때 사용한다.

5. Sketch Constraints(스케치 구속)

(1) 구속조건 부여방법

- ◿ Constraints(구속조건 부여) : 스케치에서 생성된 곡선 또는 곡선사이의 관계를 기하학적으로 구속하는 조건을 정의한다.

- ◤ Make Symmetric(대칭 만들기) : 대칭시킬 중심선을 기준으로 두 개의 점 또는 곡선을 대칭으로 구속할 때 사용한다.

- ◥ Show All Constrains(모든 구속 보기) : 스케치 도형 상에 모든 구속조건을 나타낸다.

- ◦ Auto Constraints(자동 구속) : 스케치에 자동으로 적용된 구속조건 유형을 설정한다.

- ◧ Auto Dimension(자동 치수기입) : 설정된 규칙대로 자동적으로 치수가 기입된다.

- Show/Remove Constraints(구속조건 표시/제거) : 선택한 스케치 곡선과 연관된 구속조건에 대한 정보를 볼 수 있으며, 구속조건을 제거할 수도 있다.

- Convert to/From Reference(참조선 변환) : 스케치 곡선을 참조선으로 바꾸거나 반대로 참조선을 스케치 곡선으로 변환할 때 사용한다.

- Alternate Solution(대체 솔루션) : 구속조건에 맞게 스케치가 되었더라도 스케치 형상은 다르게 나타날 수 있다. 이런 경우 해당치수 또는 해당곡선을 선택하여 스케치 형상의 방향을 다르게 적용할 때 사용한다.

(2) 구속조건의 종류와 기능

- → : 수평 구속
- ↑ : 수직 구속
- // : 평행 구속
- ⊥ : 직각 구속
- ○ : 접선 구속
- ⊥ : 위치고정 구속
- ╪ : 위치전체 구속
- ◎ : 동심 구속
- ⌒ : 동등반경 구속
- \ : 동일선상 구속
- = : 동등길이 구속
- ↔ : 상수길이 구속
- ∠ : 상수각도 구속
- ┼ : 중간점에 구속
- ┃ : 곡선상의 점 구속

6. 스케치 시작하기

(1) 좌측상단의 Sketch in Task Environment를 클릭한다.

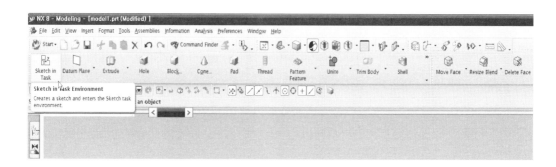

(2) 스케치를 하게 될 기준 평면을 설정한다.

① Type(유형) : On Plan(평면에서)

② Plan Option(평면 옵션) : Existing Plane(기존 평면)

③ Select Planar Face or Plane을 클릭하고 데이텀 평면 중 하나의 평면을 선택한다.

④ 확인(OK)를 클릭한다.

(3) 다음 그림처럼 스케치 환경으로 화면이 구성된다.

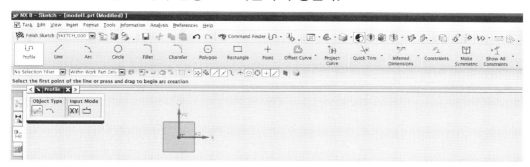

(4) Task의 Sketch Style에서 ☐Continuous Auto Dimensioning 을 체크 해제한다.

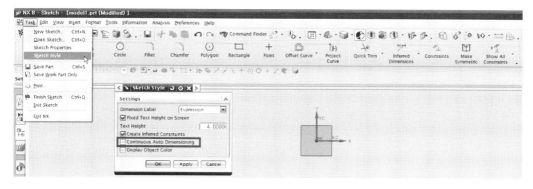

(5) 아래처럼 NX의 스케치 환경으로 화면이 구성된다.

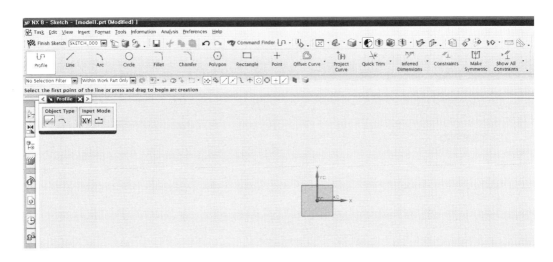

7. 스케치 도구 사용하기

(1) Profile(프로파일)

연속적인 직선, 연속하는 원호 또는 연속하는 직선과 원호를 작성한다.

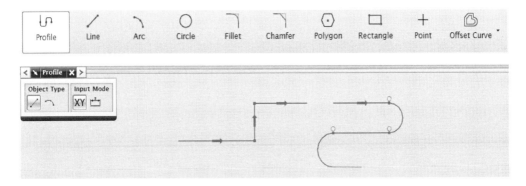

- Object Type
  Object Type - Line : 연속하는 직선을 작성한다.

- Object Type
  Object Type - Arc : 연속하는 원호를 작성한다.

- Input Mode
  Input Mode - Coordinate Mode : X축, Y축의 좌표로 입력하여 작성한다.

-  Input Mode – Parameter Mode : 직선의 경우 길이와 각도, 원호의 경우 반지름으로 작성한다.

(2) Line(선 그리기)

연속되는 선이 아니라 시작점과 끝점으로 연결되는 하나의 직선만 그린다.

① 마우스의 위치에 따라 수평선이나 수직선에서는 다음 그림처럼 가상의 점선이 나타난다.

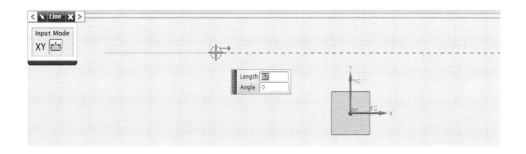

(3) Arc(원호 그리기)

지정하는 점을 기준으로 원호를 작성한다.

① Arc by 3points : 3점을 클릭하면 원호의 시작점, 끝점 그리고 원호를 지나가는 임의의 한 점을 지정하는 순서로 원호를 작성한다.

② Arc by Center and Endpoints : 원호의 시작점, 중심점, 끝점을 지정하는 순서로 원호를 작성한다.

③ Arc by 3points에서는 세 번째 점을 클릭하지 않고 반지름을 입력할 수도 있다.

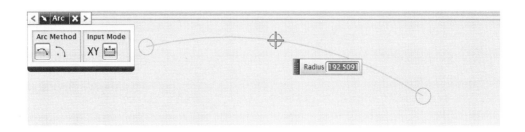

(4) Circle(원 그리기)

지정하는 점을 기준으로 원을 작성한다.

① Circle by Center and Diameter : 원의 중심점을 지정하고 원이 지나가는 임의의 한점을 지정함으로써 원을 작성한다.

② Circle by 3points : 원이 자나가는 임의의 3점을 차례로 지정하면 주어진 점을 지나가는 원이 작성된다.

③ Circle by Center and Diameter에서는 두 번째 점을 클릭하지 않고 지름을 입력할 수도 있다.

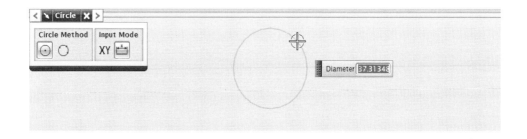

(5) Quick Trim(빠른 트리밍)

교차하는 도면 요소의 일부를 잘라버리거나 교차하지 않는 요소는 삭제한다.

① Boundary Curve : 교차하는 도면요소의 자르기의 기준 요소를 선택한다. 이 옵션을 사용 안하면 화면의 모든 요소가 기준 요소가 된다.

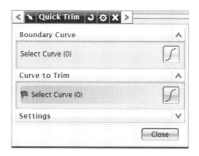

② Curve to Trim : 선택하는 요소에 교차점이 있으면 교차하는 교차점까지 삭제되며, 교차하는 요소가 없으며 선택하는 요소가 삭제된다.

(6) Quick Extend(빠른 연장)

도면 요소 선 또는 원호를 다른 요소가 있는 부분까지 연장한다.

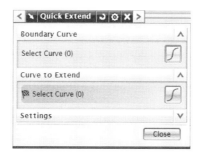

① Boundary Curve : 연장의 기준 요소를 선택한다. 이 옵션을 사용 안하면 화면의 모든 요소가 기준 요소가 된다.
② Curve to Extend : 선택하는 요소의 가상적인 연장선상에 다른 요소가 있는 곳까지 연장된다.

(7) Make Corner(코너 만들기)

교차하는 요소나 떨어져 있는 요소를 교차점 이후를 자르거나 교차점까지 연장하여 코너를 작성한다.

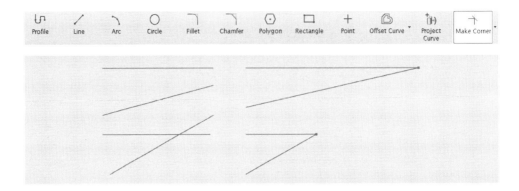

① Curve - Select Object : 코너로 만들 도면요소를 선택한다.

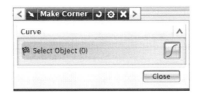

(8) Fillet(필렛)

도면요소의 코너를 일정한 반지름의 원호 형상으로 작성한다.

① Trim : 코너의 원호 이후의 부분을 잘라내거나 짧은 요소는 연장한다.

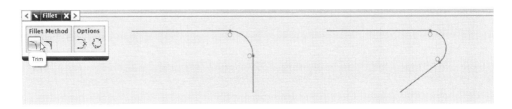

② Untrim : 도면요소는 변화 없이 코너에 원호만 작성한다.

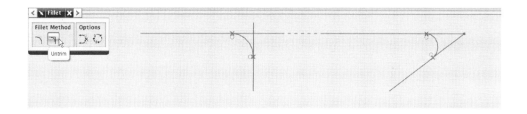

(9) Rectangle(직사각형)

직사각형 요소를 작성한다.

① By 2 point : 2점의 입력으로 수평한 직사각형을 작성한다. 2점은 직사각형의 대각선
의 끝점이 된다.

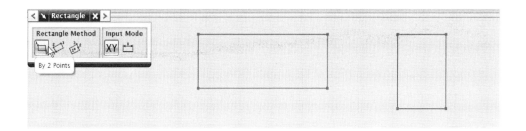

② By 3 point : 3점의 입력으로 직사각형을 작성한다. 첫 번째 점과 두 번째 점이 직사
각형의 밑변이 되고 세 번째 점이 높이가 된다.

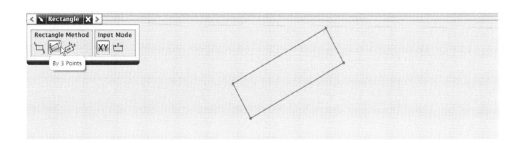

③ From Center : 첫 번째 점이 직사각형의 중심이 되어 3점을 입력하여 그린다.

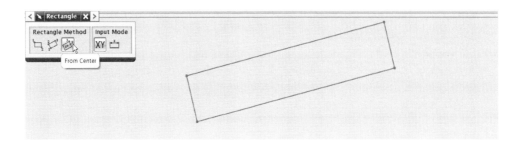

(10) Studio Spline(스튜디오 스플라인)

통과점과 조정점으로 자유곡선을 작성한다.

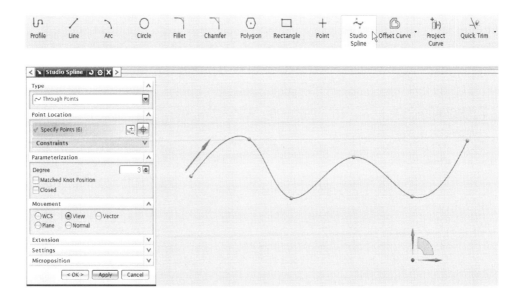

8. Sketch Dimensions(스케치 치수기입)

- Inferred Dimensions(추정치수) : 자동으로 추정하여 치수를 기입한다.

- ⊡ Horizontal Dimension(수평치수) : X축 방향의 치수를 기입한다.

- ⊡ Vertical Dimension(수직치수) : Y축 방향의 치수를 기입한다.

- ⊡ Parallel Dimension(평행치수) : 두 점을 지나는 직선에 평행한 치수를 기입한다.

- ⊡ Perpendicular Dimension(직교치수) : 하나의 직선과 점을 선택해서 직선에 수직하게 치수를 기입한다.

- ⊡ Angular Dimension(각도치수) : 두 선사이의 각도치수를 기입한다.

- ⊡ Diameter Dimension(지름치수) : 지름의 치수를 기입할 때 사용한다.

- ⊡ Radius Dimension(반지름치수) : 반지름 치수를 기입할 때 사용한다.

- ⊡ Perimeter Dimensions(둘레치수) : 체인곡선의 둘레길이를 기입할 때 사용한다.

2-5 특징형상 설계

NX에서 Modelling을 하면 개념적 설계를 통해 솔리드 모델링을 쉽고 빠르게 할 수 있으며, 대화형으로 복잡한 형상의 솔리드 모델을 생성하고 편집할 수 있는 장점이 있다.

설계기술자는 Modelling 응용프로그램을 활용하여 스케치, 구속조건 및 치수기반 특징형상 모델링을 통해 설계의도를 반영하고 편집할 수 있다.

File에서 New(새로 만들기, ☐ New...)를 선택하고 Model을 선택한 후 파트파일의 이름과 저장할 폴더를 지정한 다음 ▭OK▭ 한다. Resource Bar에서 Roles를 🐾 Role Essentials (Recommended) 로 선택한다.

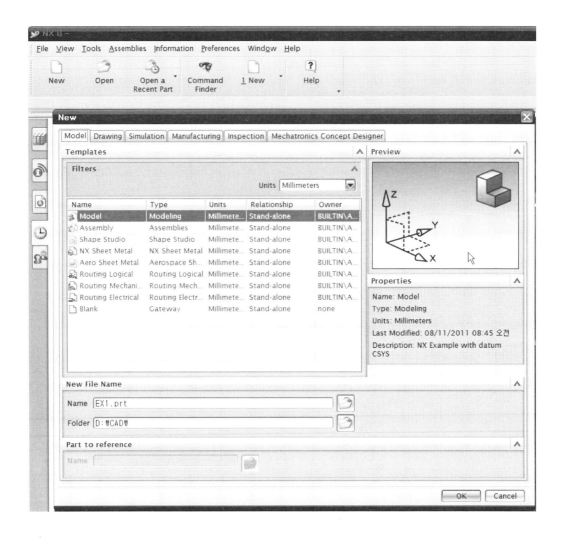

1. 돌출(Extrude,)하기

(1) 스케치(Sketch)하기

① (Extrude)을 클릭한다.

② Extrude 대화상자에서 (Sketch Section)을 클릭하고 X-Y평면을 선택한 후 OK 한다.

③ Preferences의 Sketch에서 ☐ Continuous Auto Dimensioning 를 체크(✔) 해제한다.

④ 그림과 같이 스케치한 후 스케치 종료(Finish Sketch)한다.

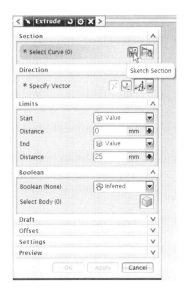

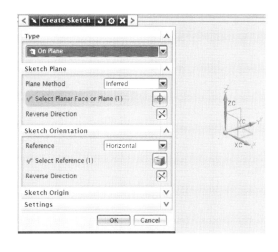

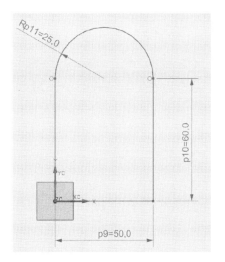

(2) 돌출(Extrude) 하기

① 돌출방향(✔ Specify Vector   )을 지정하고, 돌출 끝 거리를 30으로 지정한 후
< OK > 한다.

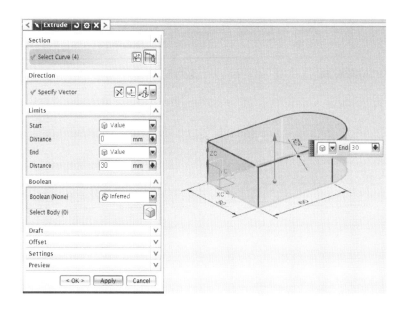

TIP   LIMITS(돌출한계)설정

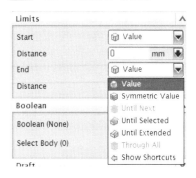

ⓐ Value(값) : 입력하는 값만큼 돌출한다.

ⓑ symmetric(대칭 값) : 입력하는 값을 기준으로 시작과 끝
  이 대칭되게 돌출한다.

ⓒ Until Next(다음까지) : 다음 피처평면까지 돌출한다.

ⓓ Until Selected(선택까지) : 선택한 위치까지 돌출한다.

② Draft(구배)를 다음 그림과 같이 10°로 설정하고 [OK]하여 돌출을 적용한다.

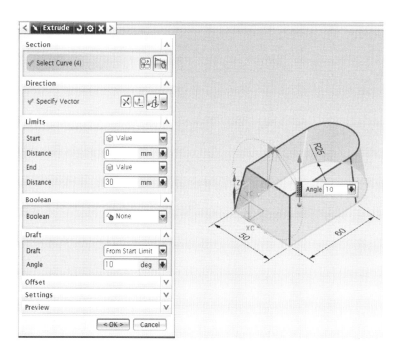

TIP Draft(구배)설정

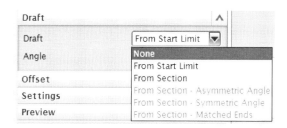

• None(없음) : 구배 적용하지 않는다.

• From Start Limit (시작한계로부터) : limit(시작)에서부터 입력한 각도만큼 구배를 만든다.

• From Section (시작단면) : Section(단면)에서 입력한 각도만큼의 구배를 만든다.

• From Section-Asymmetric Angle (시작단면-비대칭각도) : Section(단면)에서 양방향이 서로 다른 각도로 구배를 만든다.

• From Section-Symmetric Angle (시작단면-대칭각도) : Section(단면)을 기준으로 양방향의 구배를 같게 작성한다.

• From Section-Matched Ends (시작단면-일치하는 끝) : 양방향으로 구배를 만들지만 각도를 다르게 만들어서 Limit 1의 끝 위치가 Limit 2의 끝과 같도록 작성한다.

2. 회전(Revolve, 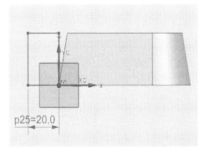)하기

(1) 스케치(Sketch)하기

① ⚙ Revolve (Revolve)를 클릭한다.

② Revolve대화상자에서 🔲(Sketch Section)을 클릭하고 Y-Z평면을 선택한 후 OK 한다.

③ 그림과 같이 스케치한 후 스케치 종료(🏁 Finish Sketch)한다.

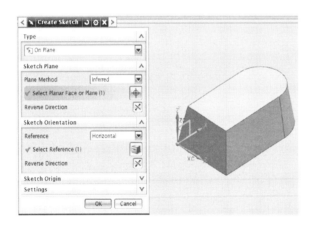

④ Specify Vector를 Z축으로 회전중심축을 선택한 후 OK 하여 회전을 적용한다.

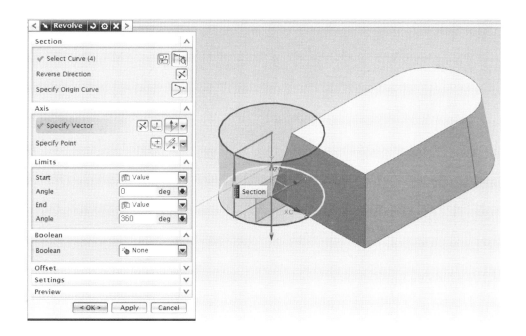

3. Feature Operation

(1) Unit(결합,)

두 개 이상의 솔리드 물체(Body)를 하나로 합친다.

① Unite(결합)를 클릭한다.
② Target(타겟)의 Select Body를 클릭하고 결합시킬 솔리드 물체(Body)를 선택한다.
③ Tool(공구)의 Select Body를 클릭하고 결합시킬 두 번째 솔리드 물체(Body)를 선택한 후 < OK > 하여 결합을 적용한다.

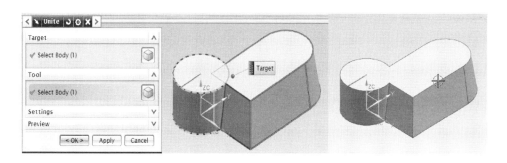

(2) Subtract(빼기, 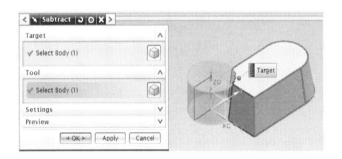)

선택한 솔리드 물체(Body)에서 다른 솔리드 물체를 빼서 제거한다.

① Subtract(빼기)를 클릭한다.
② Target(타겟)의 Select Body를 클릭하고 솔리드 물체(Body)를 선택한다.
③ Tool(공구)의 Select Body를 클릭하고 빼기할 두 번째 솔리드 물체(Body)를 선택한
후 ＜ OK ＞ 하여 빼기를 적용한다.

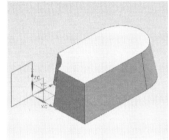

(3) Intersect(교차, 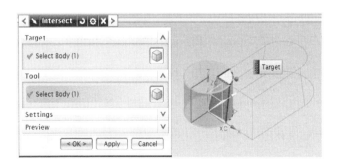)

두 개 이상의 솔리드 물체(Body)의 교차하는 부분만 하나의 솔리드 물체로 생성한다.

① Intersect(교차)를 클릭한다.
② Target(타겟)의 Select Body를 클릭하고 솔리드 물체(Body)를 선택한다.
③ Tool(공구)의 Select Body를 클릭하고 교차시킬 두 번째 솔리드 물체(Body)를 선택
한 후 ＜ OK ＞ 하여 교차를 적용한다.

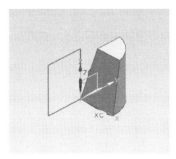

(4) Draft(구배, 　Draft)

선택하는 솔리드 물체(Body)에 구배를 준다.

① Draft(구배)를 클릭한다.
② Draw Direction(추출방향)을 적용한다.
  - Specify Vector(벡터지정)를 클릭하고 구배에 의해 작아지게 되는 면을 선택한다(여기서는 윗면을 선택한다).
③ Stationary Plane(고정평면)을 적용한다.
  - Select Plane(평면선택)을 클릭하고 고정면, 즉 구배에 의한 변화가 없는 면을 선택한다(여기서는 아랫면을 선택한다).
④ Faces to Draft(구배할 면)을 선택하고 ＜OK＞ 하여 구배를 적용한다.
  - Select Face(면 선택)을 클릭하고 경사지게 할 면을 선택한다(여기서는 측면을 선택한다).

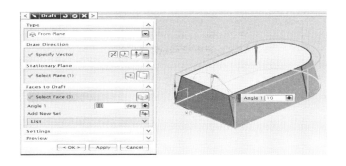
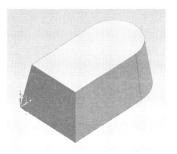

(5) Edge Blend(모서리 블렌드, 　Edge Blend)

선택하는 솔리드 물체의 모서리에 블렌드(Blend)를 준다.

① Edge Blend(모서리 블렌드)를 클릭한다.
② Edge to Blend(블렌드할 모서리)를 적용한다.
  ⓐ Select Edge(모서리 선택)을 클릭하고 블렌드를 적용할 모서리를 선택한다.
  ⓑ Radius(반경)를 클릭하고 블렌드 반경을 입력한다.
③ ＜OK＞ 를 클릭하여 Edge Blend(모서리 블렌드)를 적용한다.

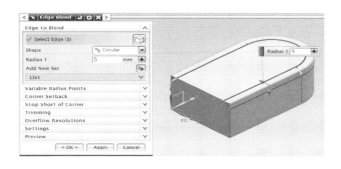
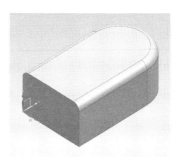

(6) Chamfer(모따기, )

선택하는 솔리드 물체의 모서리에 모따기(Chamfer)를 준다.

① 모따기(Chamfer)를 클릭한다.

② Edge(모서리)를 적용한다.

  - Select Edge(모서리 선택)를 클릭하고 모따기를 적용할 모서리를 선택한다.

③ Offsets(옵셋)를 적용한다.

  ⓐ Cross section(단면)을 여기서는 Symmetric(대칭)을 선택한다.

    - Symmetric(대칭) : 모따기 거리가 모서리를 기준으로 대칭으로 모따기된다.

    - ASymmetric(비대칭) : 모따기 거리가 모서리를 기준으로 서로 다르게 모따기된다.

    - Offset and Angle(옵셋 및 각도) : 모따기 거리와 그 각도로 모따기된다.

  ⓑ Distance(거리) : 모따기 거리 값을 입력한다.

④ OK(확인)를 클릭하여 모따기(Chamfer)를 적용한다.

⑤ 실행취소(Undo)하고 Offsets(옵셋)의 Cross section(단면)을 ASymmetric(비대칭)으로
   적용한다.

　　ⓐ Cross section(단면)을 여기서는 ASymmetric(대칭)을 선택한다.

　　ⓑ Distance 1(거리1) : 모따기의 첫 번째 거리 값을 5로 입력한다.

　　ⓒ Distance 2(거리2) : 모따기의 두 번째 거리 값을 10으로 입력한다.

⑥ OK(확인)을 클릭하여 모따기(Chamfer)를 적용한다.

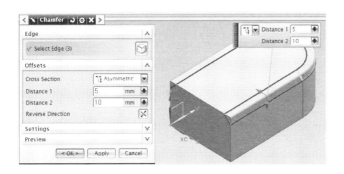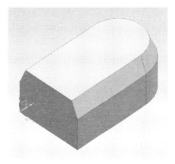

⑦ 실행취소(Undo)하고 Offsets(옵셋)의 Cross section(단면)을 Offset and Angle(옵셋 및 각도)로 적용한다.

　　ⓐ Cross section(단면)을 여기서는 Offset and Angle(옵셋 및 각도)을 선택한다.

　　ⓑ Distance(거리) : 모따기 거리 값을 5로 입력한다.

　　ⓒ Angle(각도) : 모따기 각도를 25°로 입력한다.

⑧ OK(확인)를 클릭하여 모따기(Chamfer)를 적용한다.

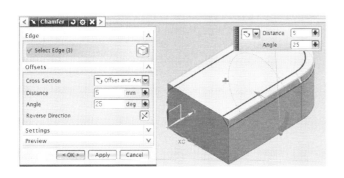

(7) Shell(셀, 　Shell　)

선택하는 솔리드 물체의 일정한 두께를 가진 셀 형태의 물체로 만든다.

① Shell(셸)를 클릭한다.

② Type(유형)을 Remove Face, then Shell(면을 제거한 다음 셸 생성)로 적용한다.

③ Face to Pierce(피어싱할 면)의 Select Face(면 선택)를 클릭하고 뚫릴 면을 선택한다.
(여기서는 윗면을 선택한다.)

④ Thickness(두께)를 클릭하고 셸의 두께를 3으로 입력한다.

⑤ OK(확인)를 클릭하여 Shell(셸)을 적용한다.

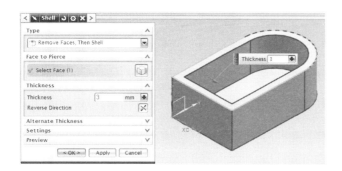

(8) Hole(구멍,)

선택하는 솔리드 물체에 구멍을 뚫는다.

① Hole(구멍)을 클릭한다.

② Type(유형)에서 Simple(단순)을 적용한다.

③ Position의 Specify Point에서 스케치(▦)를 선택하여 다음 그림과 같이 점을 찍고,
점의 위치 치수를 기입한 후 스케치를 종료한다.

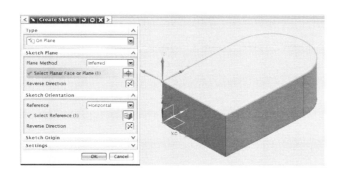
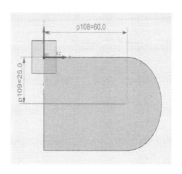

④ Diameter는 25, Depth Limit는 Until Next로 설정한 다음 < OK > 하여 구멍을 적용한다.

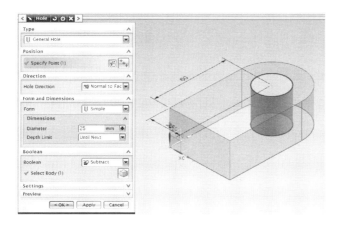

TIP Form : 구멍의 형태 종류

① Simple(단순) : 드릴로 뚫린 구멍을 생성한다.

② Counterbored(카운터 보어) : 깊은 자리파기 구멍을 생성한다.

③ Countersunk(카운터 싱크) : 접시머리 자리파기 구멍을 생성한다.

④ Tapered(테이퍼) : 각도를 갖는 구멍을 생성한다.

   ⓐ Diamete(직경) : 드릴 구멍의 직경을 입력한다.

   ⓑ Depth(깊이) : 드릴 구멍의 깊이를 입력한다.

   ⓒ Tip Angle(공구 팁 각도) : 공구 끝 각을 입력한다.

   ⓓ C-Bore Diameter(카운트 보어 직경) : 깊은 자리파기의 직경을 입력한다.

   ⓔ C-Bore Depth(카운트 보어 깊이) : 깊은 자리파기의 깊이를 입력한다.

   ⓕ Hole Diameter(구멍 직경) : 깊은 자리파기의 드릴구멍 직경을 입력한다.

   ⓖ Hole Depth(구멍 깊이) : 깊은 자리파기의 드릴구멍 깊이를 입력한다.

   ⓗ C-Sunk Diamete(C 싱크 직경) : 카운트 싱크 직경을 입력한다.

   ⓘ Depth Limit(깊이 한계) : 깊이 입력 방법을 설정한다.

(9) Thread(나사, Thread)

선택하는 솔리드 물체에 나사산을 생성한다.

① Thread(나사)를 클릭한다.

② Thread Type(유형)에서 Detail(상세)을 선택한다.

③ 나사산을 생성할 면을 선택한다.

④ Major Diameter는 나사의 바깥지름으로 28, Length는 나사산의 길이로 30, 나사의
   피치는 3, Angle은 나사산 각도로서 60을 입력하고 OK 하여 나사산을 적용한다.

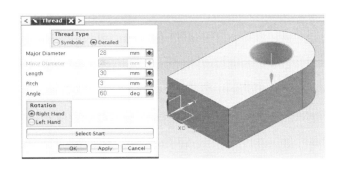

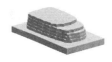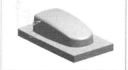

3D-CAD 따라하기

3-1 3D-CAD 따라하기-1

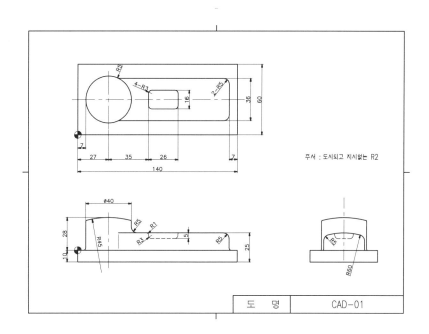

도   명 | CAD-01

1. Modeling 시작하기

(1) NX8을 실행하고 New(시작)을 클릭하여 Model을 선택하고 작업파일을 저장할 폴더와 이름
을 지정하고 ☐OK☐ 한다.

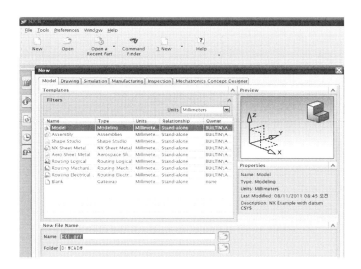

2. X-Y평면에 Sketch(스케치)하고 Extrude(돌출)하기

(1) X−Y평면에 Sketch하기

① 아이콘이나 Insert에서 Sketch in Task Environment... 을 클릭한다.

② Create Sketch(스케치 생성) 대화상자

   ⓐ Type(유형) : On Plane(평면상에서)

   ⓑ Plane Method(평면 방법) : Existing Plane(기존 평면)

   ⓒ Select Planar Face or Plane를 클릭하고 X-Y평면을 선택하고 확인(OK)한다.

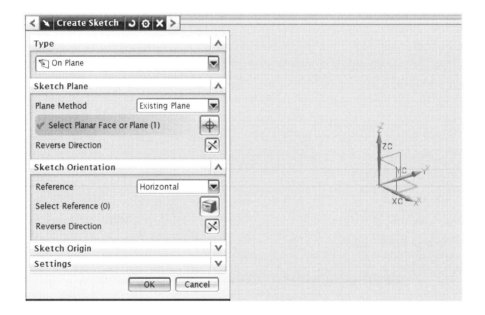

③ 다음 그림과 같이 Preference의 Sketch에서 ☐Continuous Auto Dimensioning 을 체크 해제
하고 Dimension Label을 Value로 하고 확인(OK)한다. 이것은 스케치 곡선을 생
성할 때 연속자동치수기입을 생성하지 않는다는 것이다.

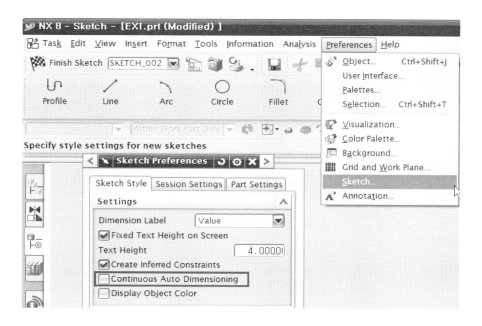

④ 다음 그림과 같이 Task의 Sketch Style에서 □Continuous Auto Dimensioning 을 체크 해제하고 Dimension Label을 Value로 하고 확인(OK)한다.

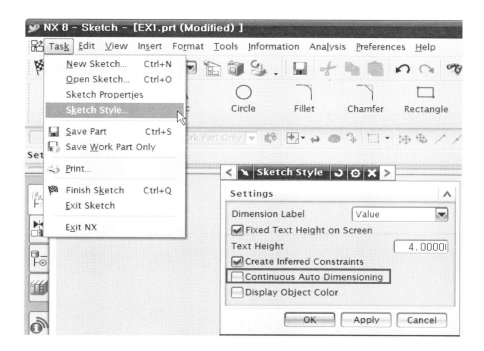

⑤ Sketch(스케치) 도구에서 Rectangle(사각형, ☐)을 선택하여 다음 그림과 같이 2점을 이용하여 임의의 사각형을 그린다.

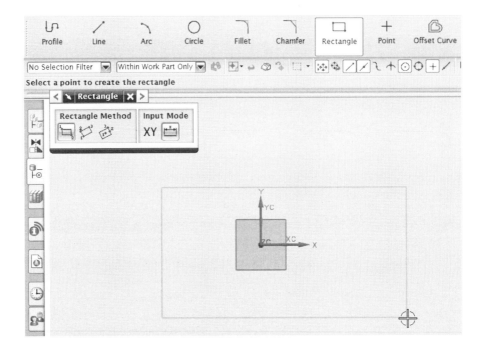

⑥ Inferred Dimension(추정치수, ✎)을 클릭한다.

　ⓐ 사각형의 한 변을 선택한다.

　ⓑ 마우스를 움직여 적당한 위치를 클릭한다.

　ⓒ 도면의 치수를 입력하고 MB2 버튼을 누른다.

⑦ 사각형의 다른 변을 선택하여 치수를 입력한다.

⑧ 나머지 치수를 입력하면, 스케치 곡선이 녹색으로 변화되어 완전정의되었음을 나타낸다.

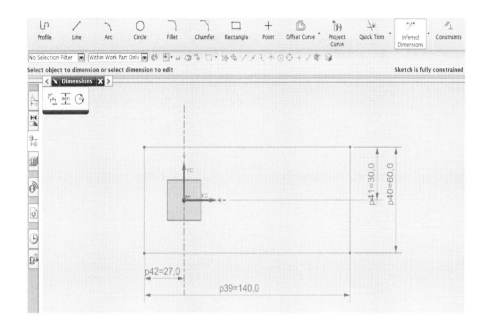

⑨ Finish Sketch(스케치 종료, Finish Sketch)를 클릭한다.

⑩ Sketch 환경에서 Modeling 환경으로 전환된다.

(2) Sketch곡선 Extrude(돌출)하기

① Extrude(돌출,)를 클릭한다.

② Section(단면)의 Select Curve를 클릭하고 돌출할 스케치 곡선을 선택한다.

③ Revers Direction(⊠)을 클릭하여 돌출방향을 아래쪽으로 변경한다.

　Limits(한계)를 적용한다.

　ⓐ Start(시작) : Value

　ⓑ Distance(거리) : 0

　ⓒ End(끝) : Value

　ⓓ Distance(거리) : 10

④ 확인(OK)을 클릭하여 돌출을 실행한다.

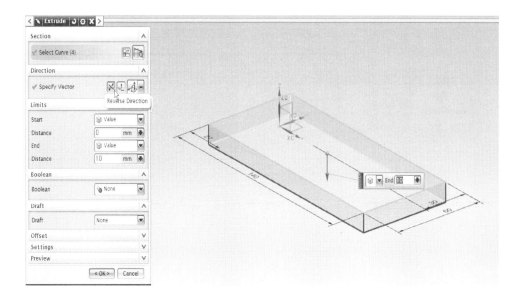

3. X-Z평면에 Sketch(스케치)하고 Revolve(회전)하기

(1) X-Z평면에 Sketch하기

① [아이콘] 아이콘이나 Insert에서 [아이콘] Sketch in Task Environment... 을 클릭한다.

② Create Sketch(스케치 생성) 대화상자

ⓐ Type(유형) : On Plane(평면상에서)

ⓑ Plane Method(평면 방법) : Existing Plane(기존 평면)

ⓒ Select Planar Face or Plane를 클릭하고 X-Z평면을 선택하고 확인(OK)한다.

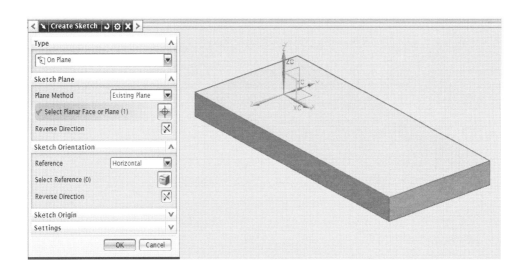

③ Sketch(스케치) 도구에서 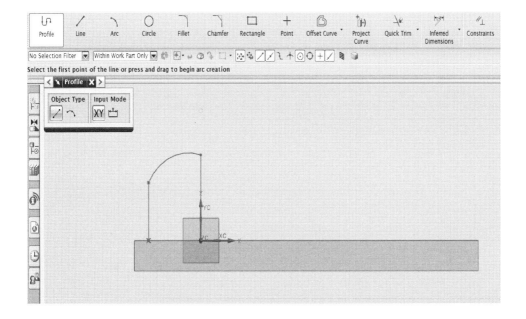 을 이용하여 그림과 같이 스케치 곡선을 그린다.

④ Inferred Dimension(추정치수,)를 클릭하여 치수를 기입하고, 구속조건( )을 선택하고 Y축에 그려진 직선과 R45인 원호의 중심점을 선택하여 Point on Curve(곡선상의 점,)로 구속시킨다.

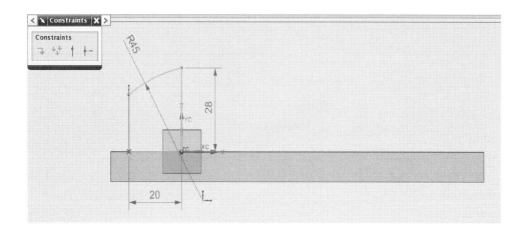

⑤ 스케치 곡선이 녹색으로 변화되어 완전정의되었음을 나타낸다.

⑥ Finish Sketch(스케치 종료, 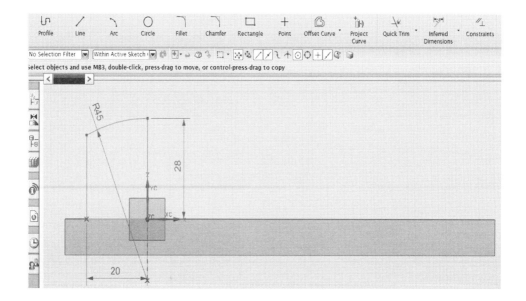 Finish Sketch)를 클릭한다.

⑦ Sketch 환경에서 Modeling 환경으로 전환된다.

(2) Sketch곡선 Revolve(회전)하기

① Revolve(회전,)를 클릭한다.

② Section(단면)의 Select Curve를 클릭하고 돌출할 스케치 곡선을 선택한다.

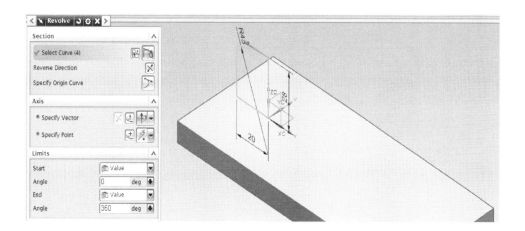

③ Axis의 Specify Vector를 클릭하고 ↑ Datum Axis 를 회전 중심축으로 선택하고, 회전
　 Limits는 360°로 한다.

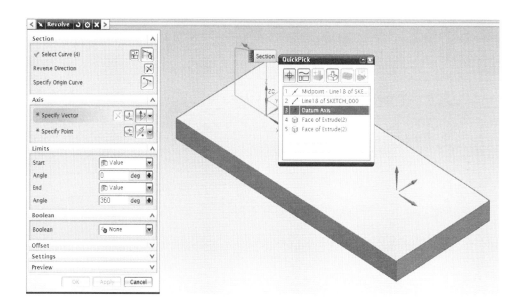

④ 확인(　OK　)을 클릭하여 회전을 실행한다.

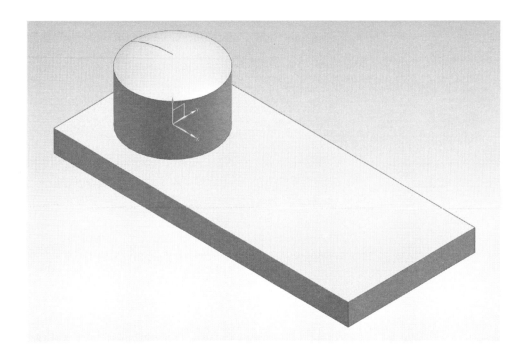

4. Y-Z 임의평면에 Sketch(스케치)하고 Extrude(돌출)하기

(1) Y-Z 임의평면에 Sketch하기

① 아이콘이나 Insert에서 ![icon] Sketch in Task Environment... 을 클릭한다.

② Create Sketch(스케치 생성) 대화상자

   ⓐ Type(유형) : On Plane(평면상에서)

   ⓑ Plane Method(평면 방법) : Create Plane(생성 평면)

   ⓒ Select Planar Face or Plane을 클릭하고 그림과 같이 평면을 선택하고 확인

     (OK)한다.

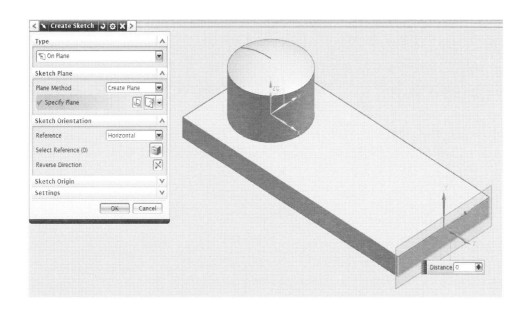

③ Sketch(스케치) 도구에서 ⌐, ╱, ⌐ 을 이용하여 그림과 같이 스케치 곡선을 그리고, Inferred Dimension(추정치수, ⌐)을 클릭하여 치수를 기입한 다음, 구속조건(⌐)을 선택하고 Y축에 그려진 두 직선을 선택하여 Equal Length(═)로 구속시킨다.

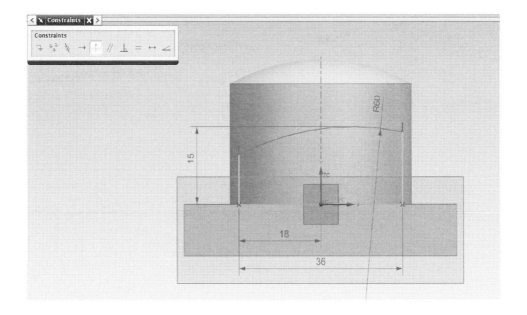

④ 스케치 곡선이 녹색으로 변화되어 완전정의되었음을 나타낸다.

⑤ Finish Sketch(스케치 종료, 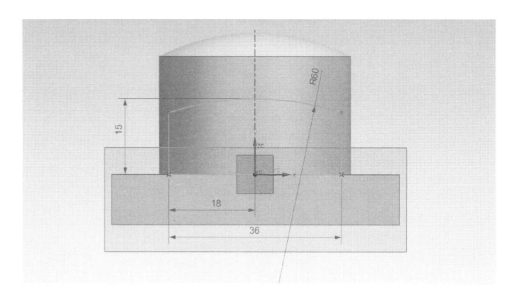 Finish Sketch)를 클릭한다.

⑥ Sketch 환경에서 Modeling 환경으로 전환된다.

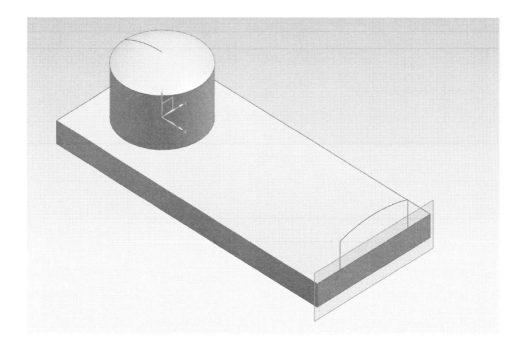

(2) Sketch곡선 Extrude(돌출)하기

① Extrude(돌출, 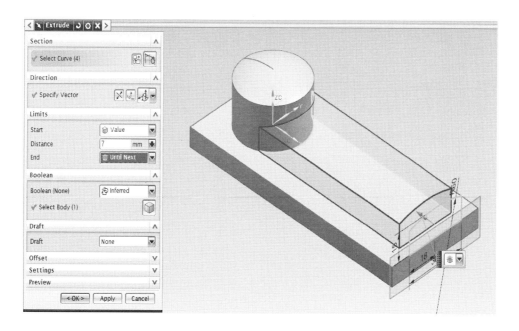)를 클릭한다.

② Section(단면)의 Select Curve를 클릭하고 돌출할 스케치 곡선을 선택한다.

③ Revers Direction(☒)을 클릭하여 돌출방향을 반대쪽으로 변경한다.

　Limits(한계)를 적용한다.

　ⓐ Start(시작) : Value

　ⓑ Distance(거리) : 7

　ⓒ End(끝) : Until Next

TIP

- Value : 돌출거리를 직접 값으로 입력한다.

- Symmetric : Start와 End값을 동일하게 돌출한다.

- Until Next : 다음 솔리드 바디까지 돌출한다.

- Until Selected : 사용자가 선택한 바디까지 돌출한다.

- Until Extended : 단면형상이 외부로 연장되었을 경우 선택한 면까지 트림하여 돌출한다.

- Through All : 지정방향으로 선택한 모든 바디를 모두 관통하여 돌출한다.

④ 확인(OK)을 클릭하여 돌출을 실행한다.

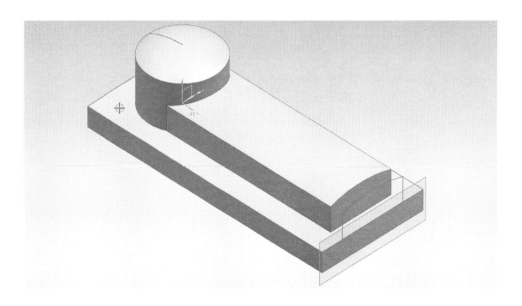

5. X-Y평면에 Sketch(스케치)하고 Extrude(돌출)하기

(1) X-Y평면에 Sketch하기

① 🔲아이콘이나 Insert에서 🔲 Sketch in Task Environment... 을 클릭한다.

② Create Sketch(스케치 생성) 대화상자

ⓐ Type(유형) : On Plane(평면상에서)

ⓑ Plane Method(평면 방법) : Existing Plane(기존 평면)

ⓒ Select Planar Face or Plane에서 그림과 같이 평면을 선택하고 확인(OK)한다.

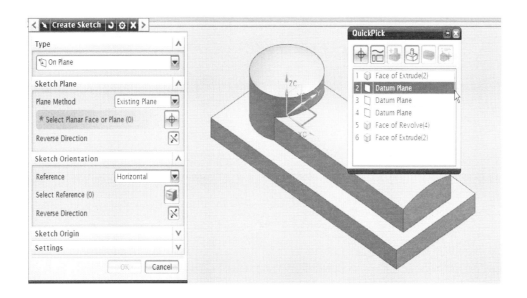

③ Sketch(스케치) 도구에서 Rectangle(사각형, ⬜)을 선택하여 다음 그림과 같이 2점
   을 이용하여 임의의 사각형을 그린다.

④ Inferred Dimension(추정치수, ✐)를 클릭한다.

   ⓐ 사각형의 한 변을 선택한다.

   ⓑ 마우스를 움직여 적당한 위치를 클릭한다.

   ⓒ 도면의 치수를 입력하고 MB2 버튼을 누른다.

⑤ 사각형의 다른 변을 선택하여 치수를 입력한다.

⑥ 나머지 치수를 입력하고, 구속조건(╱⊥)을 선택하고 데이텀 원점과 사각형의 세로
   변을 선택하여 Midpoint(중간점, ┼-)로 구속시킨다.

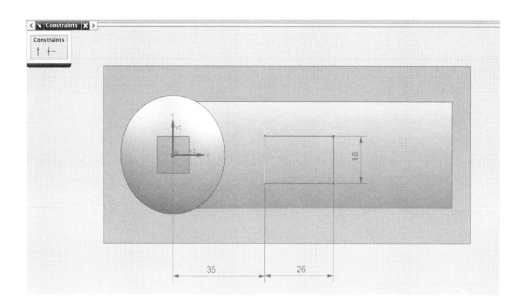

⑦ 스케치 곡선이 녹색으로 변화되어 완전정의되었음을 나타낸다.

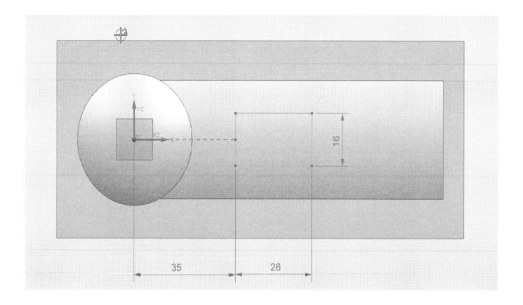

⑧ Finish Sketch(스케치 종료, 🏁 Finish Sketch)를 클릭한다.

⑨ Sketch 환경에서 Modeling 환경으로 전환된다.

(2) Sketch곡선 Extrude(돌출)하기

① 화면에서 MB3를 길게 눌러 Pup-up Icon이 나타나면 왼쪽 가운데의 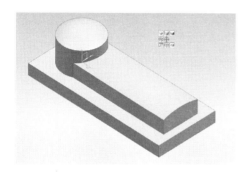(Static Wire frame)을 선택한다.

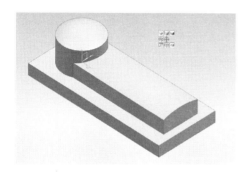

② Extrude(돌출, ▦)를 클릭한다.

③ Section(단면)의 Select Curve를 클릭하고 돌출할 스케치 곡선을 선택한다.

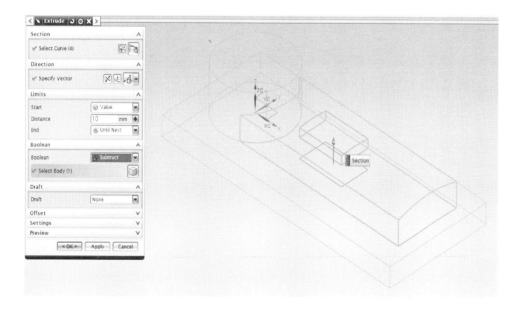

ⓐ Start(시작) : Value

ⓑ Distance(거리) : 10

ⓒ End(끝) : Until Next

ⓓ Boolean은 🔲 Subtract 을 선택하고, 확인(< OK >)하여 돌출을 실행한다.

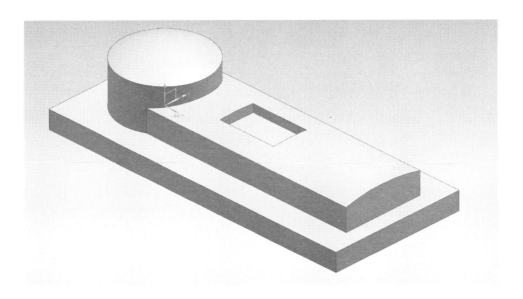

6. Detail Feature(상세 특징형상)작업하기

(1) 그림과 같이 스케치 곡선과 평면을 선택한 후 MB3 버튼을 눌러 Hide(숨기기)를 선택하여
    스케치 곡선과 평면을 보이지 않게 할 수 있다.

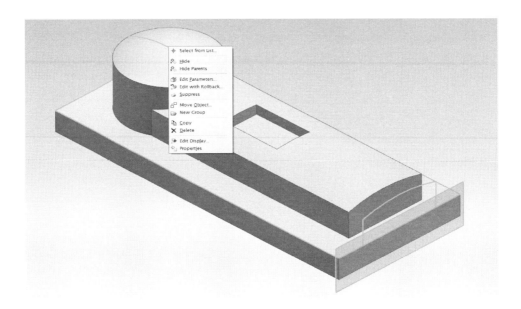

(2) Boolean은 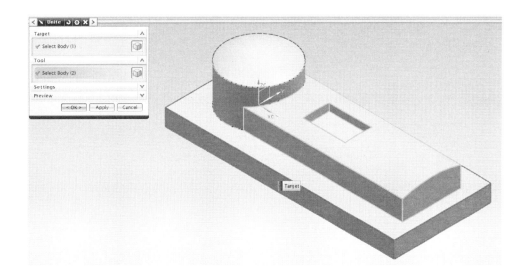 Unite 을 선택하여, Target의 Select Body를 밑판을 선택하고 Tool의 Select Body를 나머지 두 개 솔리드 바디를 선택하고 확인(< OK >)한다.

(3) Edge Blend ( )도구를 사용하여 R5부터 R2로 그림과 같은 순서대로 모서리를 선택하고 모깎기를 적용(Apply)해 간다.

TIP 접선을 가지는 바디가 생성될 수 있는 모서리부터 Edge Blend를 하는 것이 좋다.

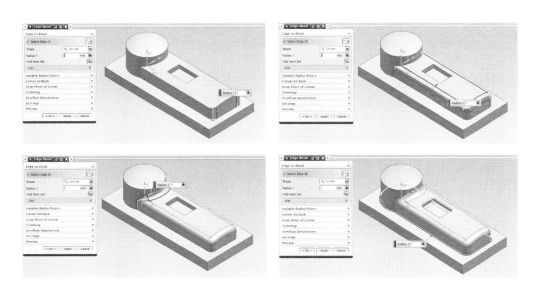

(4) Edge Blend (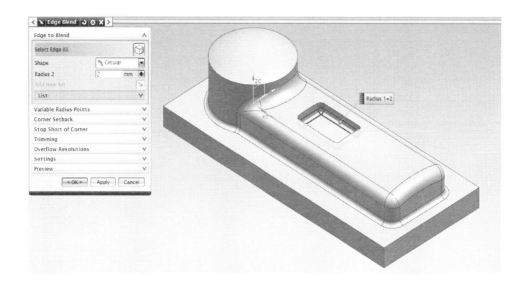🔲)도구를 사용하여 R3부터 R2로 순서대로 모서리를 선택하고 모깍기를
적용(Apply)하고 확인(< OK >)한다.

(5) 다음 그림과 같이 솔리드 모델을 완성한다.

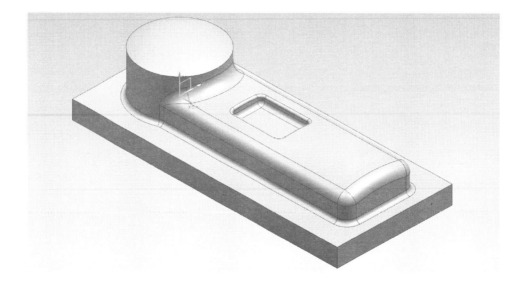

7. Display 변경

다음 그림과 같이 Display를 변경하여 볼 수 있다.

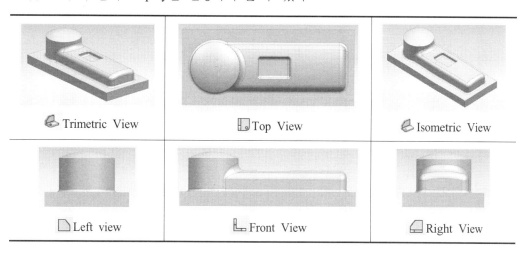

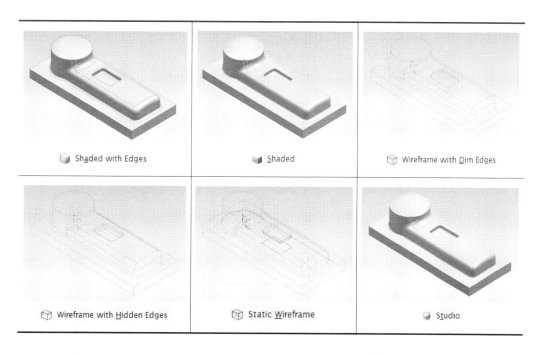

3-2 3D-CAD 따라하기-2

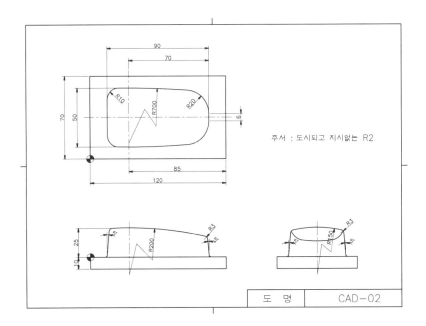

도 명 | CAD-02

1. Modeling 시작하기

(1) NX8을 실행하고 New(시작)를 클릭하여 Model을 선택하고 작업파일을 저장할 폴더와 이름
을 지정하고 OK 한다.

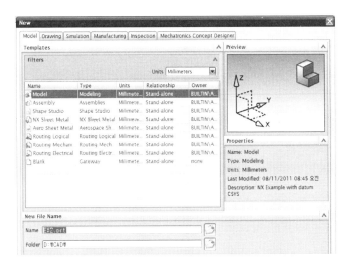

2. X-Y평면에 Sketch(스케치)하고 Extrude(돌출)하기

(1) X-Y평면에 Sketch하기

① 아이콘이나 Insert에서 Sketch in Task Environment... 을 클릭한다.

② Create Sketch(스케치 생성) 대화상자

    ⓐ Type(유형) : On Plane(평면상에서)

    ⓑ Plane Method(평면 방법) : Existing Plane(기존 평면)

    ⓒ Select Planar Face or Plane을 클릭하고 X-Y평면을 선택하고 확인(OK)한다.

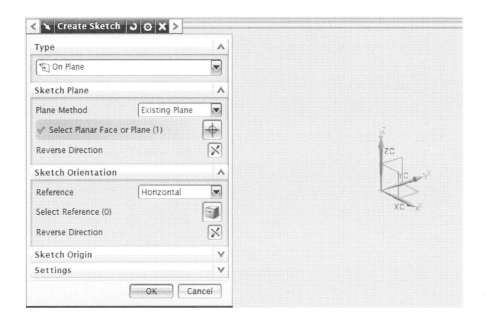

③ Pulldown 메뉴의 Task(Task)의 Sketch Style에서 ☐Continuous Auto Dimensioning 을 체크 해제하고 Dimension Label을 Value로 하고 확인(OK)한다.

④ Sketch(스케치) 도구에서 Rectangle(사각형, ☐)을 선택하여 다음 그림과 같이 2점을 이용하여 임의의 사각형을 그린다.

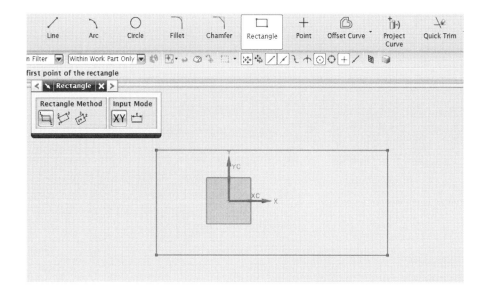

⑤ Inferred Dimension(추정치수,)을 클릭한다.

  ⓐ 사각형의 한 변을 선택한다.

  ⓑ 마우스를 움직여 적당한 위치를 클릭한다.

  ⓒ 도면의 치수를 입력하고 MB2 버튼을 누른다.

⑥ 사각형의 다른 변을 선택하여 치수를 입력한다.

⑦ 나머지 치수를 입력하고, 구속조건( )을 선택하고 데이텀 원점과 사각형의 세로

  변을 선택하여 Midpoint(중간점,)로 구속시킨다.

⑧ 스케치 곡선이 녹색으로 변화되어 완전정의되었음을 나타낸다.

⑨ Finish Sketch(스케치 종료, Finish Sketch)를 클릭한다.

⑩ Sketch 환경에서 Modeling 환경으로 전환된다.

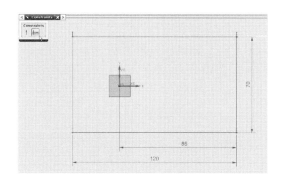
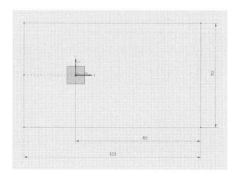

(2) Sketch곡선 Extrude(돌출)하기

① Extrude(돌출, ▥)를 클릭한다.

② Section(단면)의 Select Curve를 클릭하고 돌출할 스케치 곡선을 선택한다.

③ Revers Direction(⊠)을 클릭하여 돌출방향을 아래쪽으로 변경한다.

　Limits(한계)를 적용한다.

　ⓐ Start(시작) : Value

　ⓑ Distance(거리) : 0

　ⓒ End(끝) : Value

　ⓓ Distance(거리) : 10

④ 확인(　OK　)을 클릭하여 돌출을 실행한다.

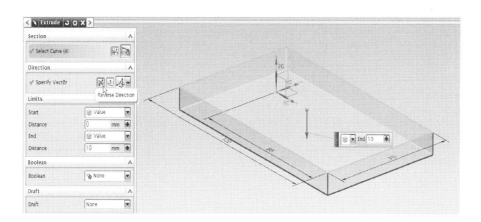

3. X-Y평면에 Sketch(스케치)하고 Extrude(돌출)하기

(1) X-Y평면에 Sketch하기

① ▦ Sketch in Task 아이콘이나 Insert에서 ▦ Sketch in Task Environment... 을 클릭한다.

② Create Sketch(스케치 생성) 대화상자

　ⓐ Type(유형) : On Plane(평면상에서)

　ⓑ Plane Method(평면 방법) : Existing Plane(기존 평면)

ⓒ Select Planar Face or Plane을 클릭하고 X-Y평면을 선택하고 확인(OK)한다.

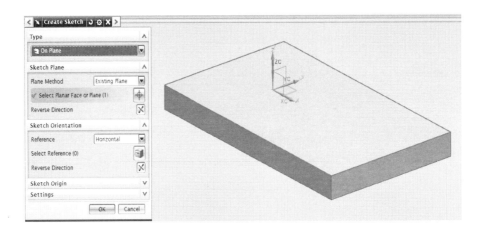

③ Sketch(스케치)도구에서 �, ╱, ⌐ 을 이용하여 그림과 같이 스케치 곡선을 그리고, Inferred Dimension(추정치수, ⚡)을 클릭하여 치수를 기입한다.

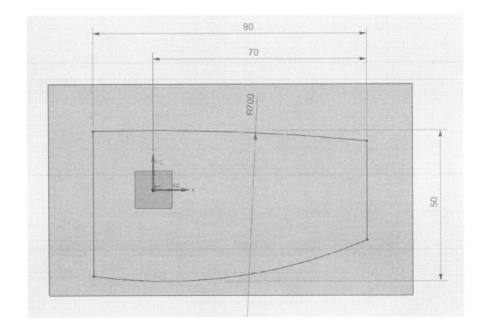

④ Sketch(스케치) 도구에서 Fillet(⌐)을 이용하여 그림과 같이 스케치 곡선을 모깍기하고 치수를 기입한 후, 구속조건(⊥)을 선택하여 Equal Radius(동등반경, ⌒)로 구속시킨다.

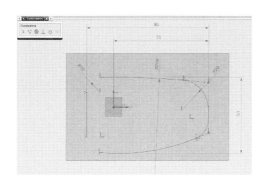 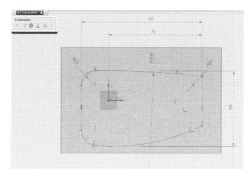

⑤ 구속조건( )을 선택하고 데이텀 원점과 왼쪽 수직선을 선택하여 Midpoint(중간점,)로 구속시킨다.

⑥ 스케치 곡선이 녹색으로 변화되어 완전정의되었음을 나타낸다.

⑦ Finish Sketch(스케치 종료, Finish Sketch)를 클릭한다.

⑧ Sketch 환경에서 Modeling 환경으로 전환된다.

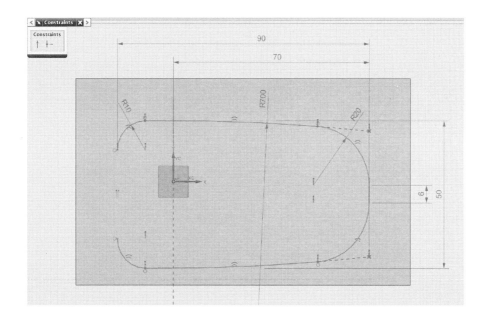

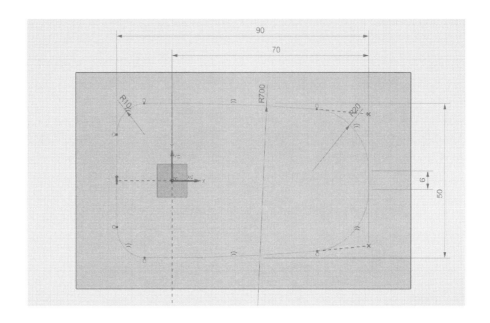

(2) Sketch곡선 Extrude(돌출)하기

① Extrude(돌출, 📖)를 클릭한다.

② Section(단면)의 Select Curve를 클릭하고 돌출할 스케치 곡선을 선택한다.

③ Limits(한계)를 적용한다.

ⓐ Start(시작) : Value

ⓑ Distance(거리) : 0

ⓒ End(끝) : Value

ⓓ Distance(거리) : 28

④ Boolean을 🔩 Unite 을 선택하고 아래쪽 바디를 선택한다.

⑤ Draft(구배)를 From Start Limit로 하고 Angle을 5도로 설정한다.

⑥ 확인(OK)을 클릭하여 돌출을 실행한다.

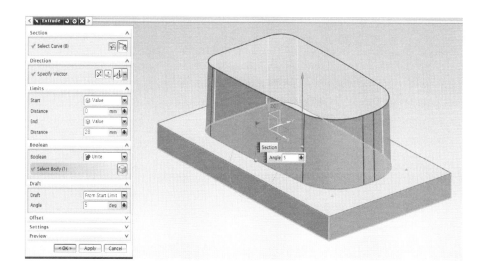

4. Sweep곡선을 Sketch(스케치)하고 Sweep(스윕)하기

(1) X-Z평면에 경로곡선 Sketch하기

① ⬚ Sketch in Task 아이콘이나 Insert에서 ⬚ Sketch in Task Environment... 을 클릭한다.

② Create Sketch(스케치 생성) 대화상자

ⓐ Type(유형) : On Plane(평면상에서)

ⓑ Plane Method(평면 방법) : Existing Plane(기존 평면)

ⓒ Select Planar Face or Plane를 클릭하고 X-Z평면을 선택하고 확인(OK)한다.

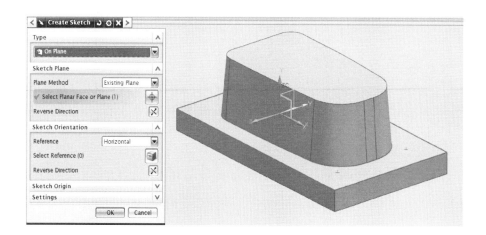

③ Sketch(스케치)도구에서 Arc(➘)을 이용하여 그림과 같이 스케치 곡선을 그리고, Inferred Dimension(추정치수,)을 클릭하여 치수를 기입한다.

④ 구속조건(⊥)을 부여하기 위해 R200 원호의 중심점과 Y축을 선택한 후 Point on Curve(곡선상의 점, ↑)로 구속시킨다.

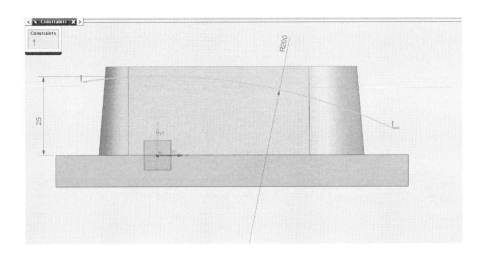

⑤ R200 원호의 중심점까지 수직한 참조선이 점선으로 연장되어 만나게 된다.

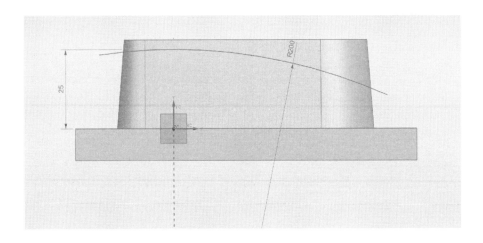

⑥ Finish Sketch(스케치 종료, 🏁 Finish Sketch)를 클릭한다.

⑦ Sketch 환경에서 Modeling 환경으로 전환된다.

(2) 경로곡선상의 평면에 단면곡선 Sketch하기

① 📷 아이콘이나 Insert에서 📷 Sketch in Task Environment... 을 클릭한다.

② Create Sketch(스케치 생성) 대화상자

　ⓐ Type(유형) : On Path(경로상에서)

　ⓑ Plane Method(평면 방법) : Existing Plane(기존 평면)

　ⓒ Select Path Plane를 클릭하고 경로곡선의 끝점을 선택하고 확인(OK)한다.

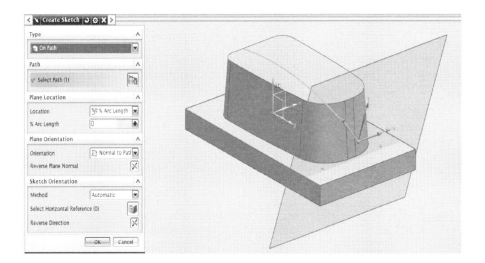

③ Right View (🖵)를 선택하고 Sketch(스케치)도구에서 Arc(↘)를 이용하여 그림과 같이 스케치 곡선을 그리고, 치수를 기입한다.

④ 구속조건(⊿)을 선택하고 수직축T와 R150 원호의 중심점을 선택하여 Point on Curve(곡선상의 점, ┃)로 구속시킨다.

⑤ 구속조건(⊿)으로 수평축N과 R150 원호를 선택하여 Tangent(접선, ○)로 구속시킨다.

⑥ 단면곡선의 길이를 그림과 같이 적절하게 조절한다.

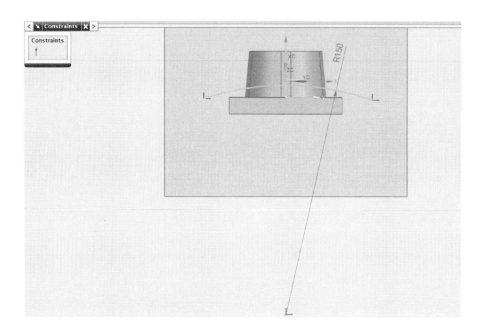

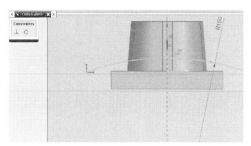
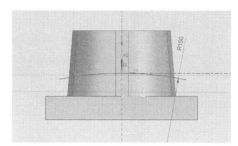

⑦ Finish Sketch(스케치 종료, Finish Sketch)를 클릭한다.

(3) Sketch곡선으로 Sweep(스윕)하기

① 화면을 🔷 Static Wireframe 으로 나타내면 다음 그림과 같이 스윕을 하기 위한 경로곡선
과 단면곡선이 나타난다.

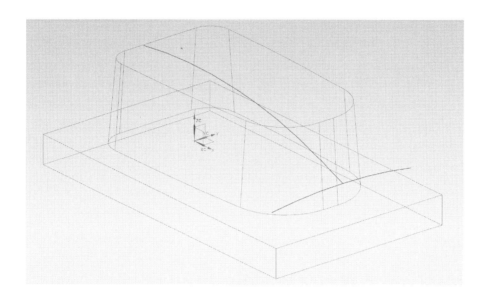

② Insert의 Sweep에서 가이드를 따라 스위핑(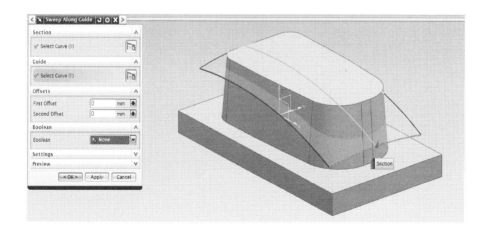 Sweep along Guide...)을 선택하고 Section 의 Select Curve를 클릭한 후 단면곡선을 선택하고, Guide의 Select Curve를 클릭한 후 경로곡선을 선택한 다음 확인(<OK>)하여 스윕을 실행한다.

5. Feature Operation

(1) Trim Body(바디 자르기)하기

① Trim Body(⬭)를 선택한다.

② Target을 적용한다.

　　Select Body를 클릭하고 잘라낼 솔리드 바디를 선택한다.

③ Tool을 적용한다.

　　ⓐ Tool Option(도구 옵션) : Face or Plane(면 또는 평면)을 선택한다.

　　ⓑ Select Face or Plane(면 또는 평면 선택)을 클릭하고 Sweep(스윕)으로 생성한 곡
　　　면을 선택한다.

　　ⓒ Reverse Direction(방향 반전)은 잘려 없어지는 면을 반대로 한다. 원호로 돌출된
　　　곡면에 나타난 화살표 방향이 없어지는 면이 된다.

④ 확인(< OK >)하여 Trim Body(바디 트리밍)을 실행한다.

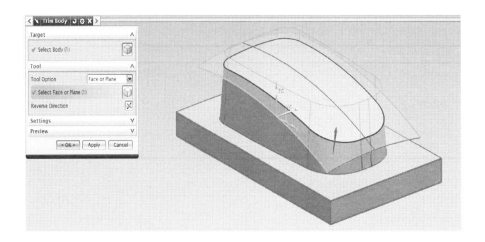

(2) Hide(숨기기)

① 스케치 곡선 또는 평면을 선택한 후 MB3 버튼을 눌러 Hide(숨기기)를 선택하면 스
　케치 곡선과 평면을 보이지 않게 할 수 있다.

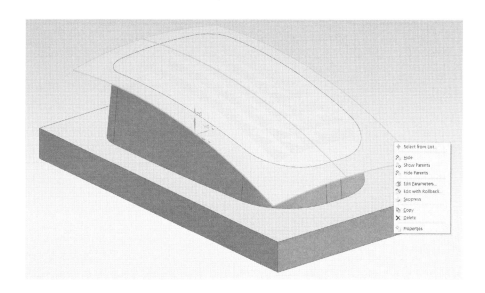

(3) Edge Blend(모서리 블렌드)하기

Edge Blend ( )도구를 사용하여 R3부터 R2로 다음과 같은 순서대로 모서리를 선택
하고 모깍기를 적용(Apply)해 간다.

① Edge Blend(모서리 블렌드)를 클릭한다.
② Edge to Blend(블렌드할 모서리)를 적용한다.
   ⓐ Select Edge(모서리 선택) : 블렌드를 적용할 모서리를 선택
   ⓑ Radius(반경) : 3을 입력하고 Apply(적용)

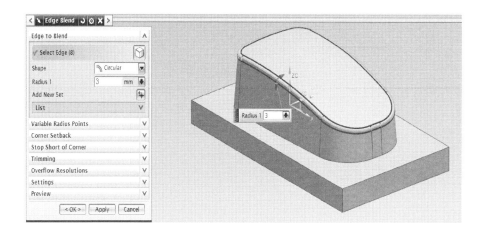

③ Edge to Blend(블렌드할 모서리)를 적용한다.

   ⓐ Select Edge(모서리 선택) : 블렌드를 적용할 모서리를 선택

   ⓑ Radius(반경) : 2를 입력

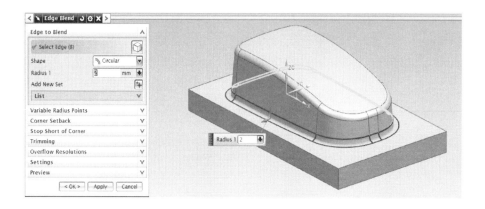

④ 확인(< OK >)하여 Edge Blend(모서리 블렌드)를 실행한다.

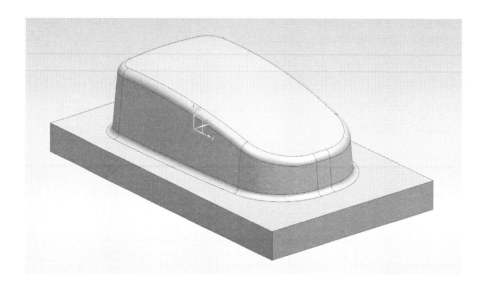

3-3 3D-CAD 따라하기-3

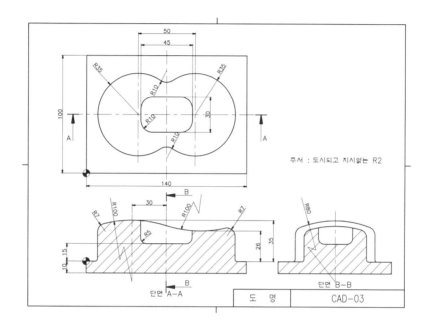

1. Modeling 시작하기

(1) NX8을 실행하고 New(시작)을 클릭하여 Model을 선택하고 작업파일을 저장할 폴더와 이름
을 지정하고 [OK] 한다.

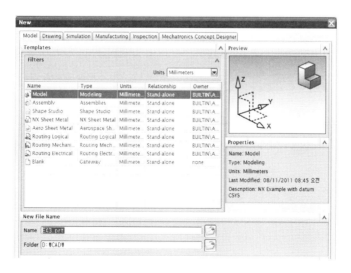

2. X-Y평면에 Sketch(스케치)하고 Extrude(돌출)하기

(1) X-Y평면에 Sketch하기

① 아이콘이나 Insert에서 Sketch in Task Environment... 을 클릭한다.

② Create Sketch(스케치 생성) 대화상자

ⓐ Type(유형) : On Plane(평면상에서)

ⓑ Plane Method(평면 방법) : Existing Plane(기존 평면)

ⓒ Select Planar Face or Plane을 클릭하고 X-Y평면을 선택하고 확ㄴ인(OK)한다.

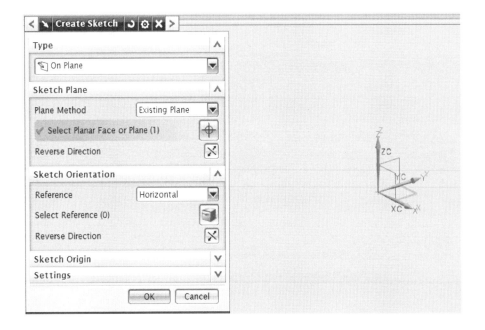

③ Pulldown 메뉴의 Task(Task)의 Sketch Style에서 ☐Continuous Auto Dimensioning 을 체크 해제하고 Dimension Label을 Value로하고 확인(OK)한다.

④ Sketch(스케치) 도구에서 Rectangle(사각형, ☐)을 선택하여 다음 그림과 같이 2점을 이용하여 임의의 사각형을 그린다.

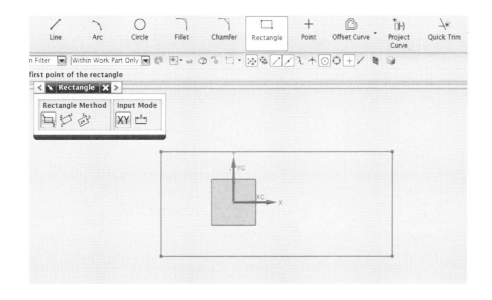

⑤ Inferred Dimension(추정치수, ⚡️)을 클릭한다.

   ⓐ 사각형의 한 변을 선택한다.

   ⓑ 마우스를 움직여 적당한 위치를 클릭한다.

   ⓒ 도면의 치수를 입력하고 MB2 버튼을 누른다.

⑥ 사각형의 다른 변을 선택하여 치수를 입력한다.

⑦ 구속조건(⁄⊥)을 선택하고 데이텀 원점과 사각형의 가로변 및 세로변을 선택하여

   Midpoint(중간점, ⊢-)로 구속시킨다.

⑧ 스케치 곡선이 녹색으로 변화되어 완전정의되었음을 나타낸다.

⑨ Finish Sketch(스케치 종료, 🏁 Finish Sketch)를 클릭한다.

⑩ Sketch 환경에서 Modeling 환경으로 전환된다.

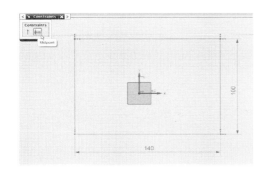

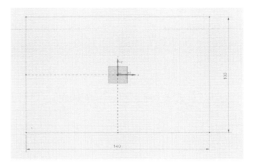

(2) Sketch곡선 Extrude(돌출)하기

① Extrude(돌출, 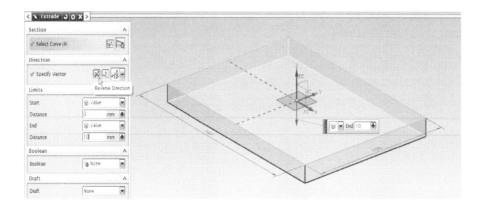)를 클릭한다.

② Section(단면)의 Select Curve를 클릭하고 돌출할 스케치 곡선을 선택한다.

③ Revers Direction(⊠)을 클릭하여 돌출방향을 아래쪽으로 변경한다.

　Limits(한계)를 적용한다.

　ⓐ Start(시작) : Value

　ⓑ Distance(거리) : 0

　ⓒ End(끝) : Value

　ⓓ Distance(거리) : 10

④ 확인(　OK　)을 클릭하여 돌출을 실행한다.

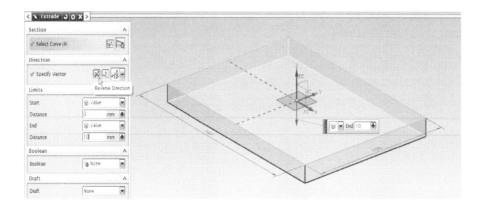

3. X-Y평면에 Sketch(스케치)하고 Extrude(돌출)하기

(1) X-Y평면에 Sketch하기

① ⬚ 아이콘이나 Insert에서 ⬚ Sketch in Task Environment... 을 클릭한다.

② Create Sketch(스케치 생성) 대화상자

　ⓐ Type(유형) : On Plane(평면상에서)

　ⓑ Plane Method(평면 방법) : Existing Plane(기존 평면)

　ⓒ Select Planar Face or Plane를 클릭하고 X-Y평면을 선택하고 확인(　OK　)한다.

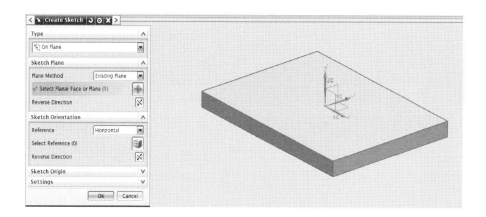

③ Sketch(스케치)도구에서 Circle(○)을 이용하여 그림과 같이 스케치 곡선을 그리고, Inferred Dimension(추정치수, 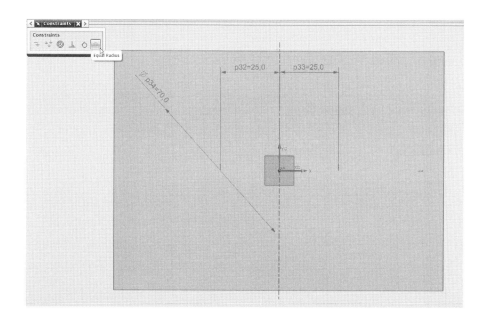)을 클릭하여 치수를 기입하고, 두 원에 대한 구속조건(⟋⊥)으로 Equal Radius(동등반경, ⌒)로 구속시킨다.

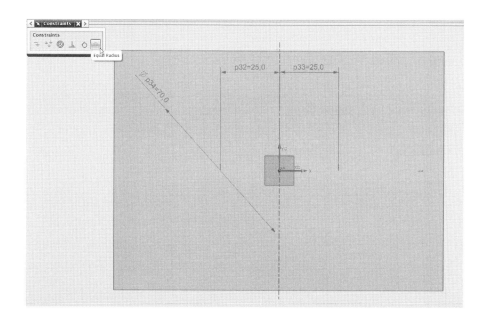

④ 구속조건(⟋⊥)을 선택하여 왼쪽 원의 중심점과 X축을 선택하여 Point on Curve(곡선상의 점, │)로 구속시킨 다음, 오른쪽 원의 중심점과 X축을 선택하여 Point on Curve(곡선상의 점, │)로 구속시킨다.

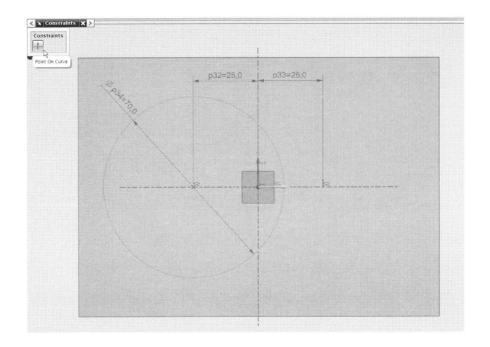

⑤ Sketch(스케치) 도구에서 Fillet(⌐)을 이용하여 그림과 같이 스케치 곡선을 Fillet하
고 치수 R10을 기입한 후, 구속조건(⫫)을 부여하기 위해 두 Fillet 곡선을 선택하
여 Equal Radius(동등반경, ⌒)로 구속시킨다.

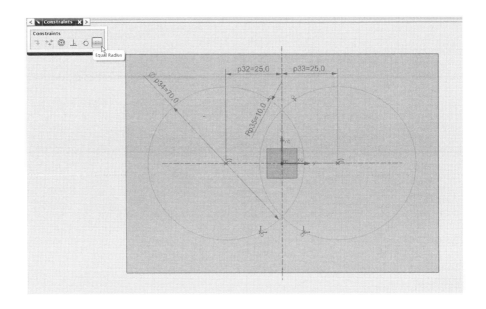

⑥ Sketch(스케치) 도구에서 Quick Trim(✗)을 선택하여 그림과 같이 스케치 곡선을
잘라낸다.

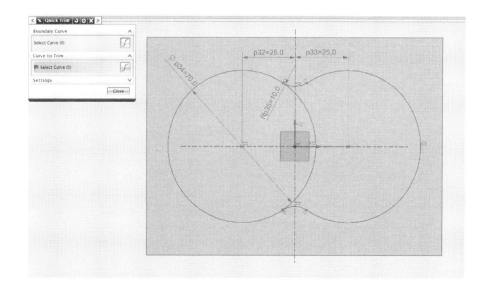

⑦ 스케치 곡선이 녹색으로 변화되어 완전정의되었음을 나타낸다.

⑧ Finish Sketch(스케치 종료, 🏁 Finish Sketch)를 클릭한다.

⑨ Sketch 환경에서 Modeling 환경으로 전환된다.

(2) Sketch곡선 Extrude(돌출)하기

① Extrude(돌출, ▥)를 클릭한다.

② Section(단면)의 Select Curve를 클릭하고 돌출할 스케치 곡선을 선택한다.

③ Limits(한계)를 적용한다.

  ⓐ Start(시작) : Value

  ⓑ Distance(거리) : 0

  ⓒ End(끝) : Value

  ⓓ Distance(거리) : 38

④ Boolean을 🛱 Unite 을 선택하고 아래쪽 바디를 선택한다.

⑤ 확인(OK)을 클릭하여 돌출을 실행한다.

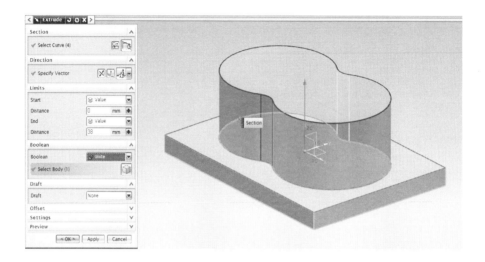

4. Sweep곡선을 Sketch(스케치)하고 Sweep(스윕)하기

(1) X-Z평면에 경로곡선 Sketch하기

① ⬚ Sketch in Task 아이콘이나 Insert에서 ⬚ Sketch in Task Environment... 을 클릭한다.

② Create Sketch(스케치 생성) 대화상자

ⓐ Type(유형) : On Plane(평면상에서)

ⓑ Plane Method(평면 방법) : Existing Plane(기존 평면)

ⓒ Select Planar Face or Plane을 클릭하고 X-Z평면을 선택하고 확인(OK)한다.

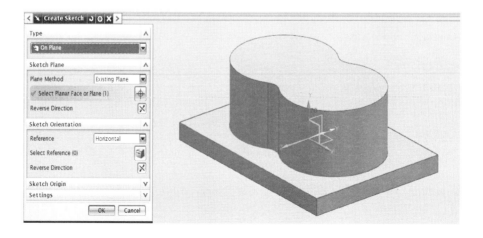

③ Sketch(스케치)도구에서 Arc(⌒)를 이용하여 그림과 같이 스케치 곡선을 그리고,
   Inferred Dimension(추정치수, ✎)을 클릭하여 치수를 기입한다.

④ Finish Sketch(스케치 종료, 🏁 Finish Sketch)를 클릭한다.

⑤ Sketch 환경에서 Modeling 환경으로 전환된다.

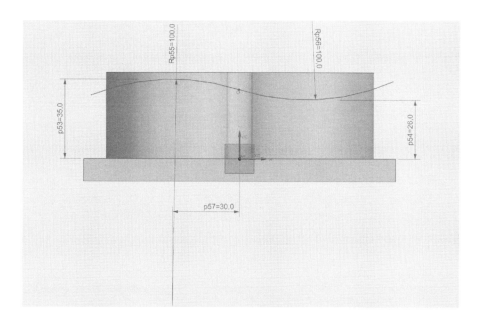

(2) 경로곡선상의 평면에 단면곡선 Sketch하기

① 🔲 Sketch in Task 아이콘이나 Insert에서 🔲 Sketch in Task Environment... 을 클릭한다.

② Create Sketch(스케치 생성) 대화상자

   ⓐ Type(유형) : On Path(경로상에서)

   ⓑ Plane Method(평면 방법) : Existing Plane(기존 평면)

   ⓒ Select Path Plane을 클릭하고 경로곡선의 끝점을 선택하고 확인(OK)한다.

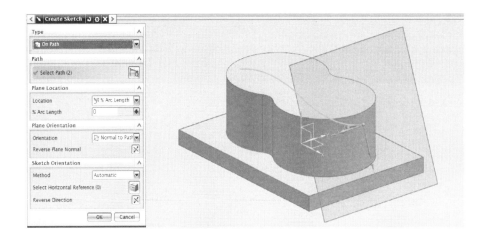

③ Right View(⬚)를 선택하고 Sketch(스케치)도구에서 Arc(↘)를 이용하여 그림과 같이 스케치 곡선을 그리고, 치수를 기입한다.

④ 구속조건(⊥)을 선택하고 수직축 T와 R80 원호의 중심점을 선택하여 Point on Curve(곡선상의 점, ↑)로 구속시킨다.

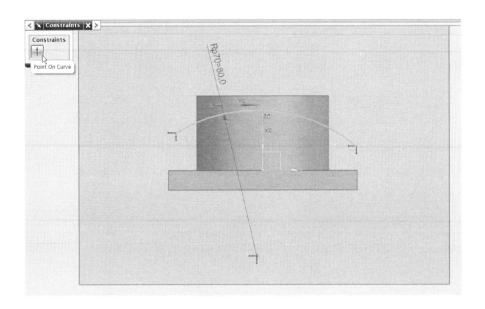

⑤ 구속조건(⊥)으로 수평축 N과 R80 원호를 선택하여 Tangent(접선, ○)로 구속시킨다.

⑥ 단면곡선의 길이를 그림과 같이 적절하게 조절한다.

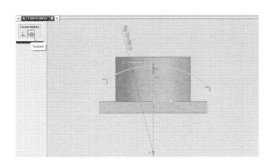

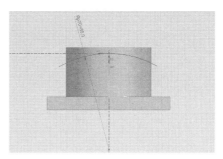

⑦ Finish Sketch(스케치 종료, Finish Sketch)를 클릭한다.

⑧ Sketch 환경에서 Modeling 환경으로 전환된다.

(3) Sketch곡선으로 Sweep(스윕)하기

① 화면을 Static Wireframe 으로 나타내면 다음 그림과 같이 스윕을 하기 위한 경로곡선
과 단면곡선이 나타난다.

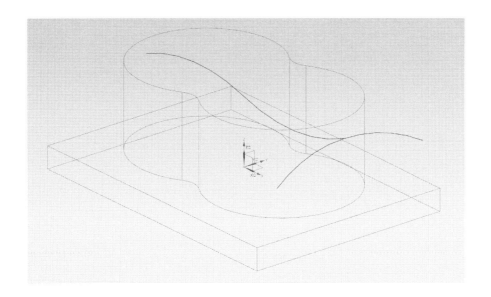

② Insert의 Sweep에서 가이드를 따라 스위핑(Sweep along Guide...)을 선택하고 Section
의 Select Curve를 클릭한 후 단면곡선을 선택하고, Guide의 Select Curve를 클릭한
후 경로곡ㅋ선을 선택한 다음 확인(< OK >)하여 스윕을 실행한다.

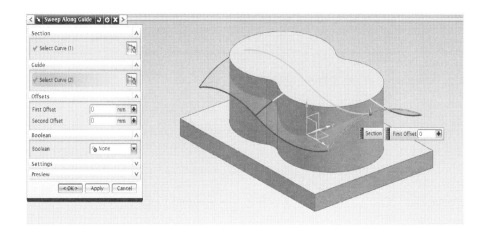

5. Feature Operation

(1) Trim Body(바디 자르기)하기

① Trim Body(⬭)를 선택한다.

② Target을 적용한다.

Select Body를 클릭하고 잘라낼 솔리드 바디를 선택한다.

③ Tool을 적용한다.

   ⓐ Tool Option(도구 옵션) : Face or Plane(면 또는 평면)을 선택

   ⓑ Select Face or Plane(면 또는 평면 선택)을 클릭하고 Sweep(스윕)으로 생성한 곡면을 선택한다.

   ⓒ Reverse Direction(방향반전)은 잘려 없어지는 면을 반대로 한다. 원호로 돌출된 곡면에 나타난 화살표 방향이 없어지는 면이 된다.

④ 확인(<OK>)하여 Trim Body(바디 트리밍)을 실행한다.

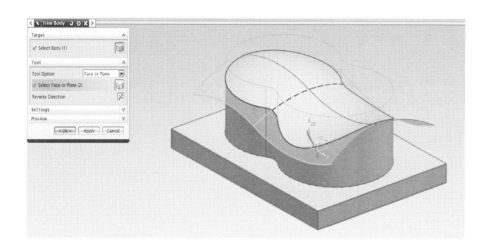

(2) Hide(숨기기)

① 스케치 곡선 또는 평면을 선택한 후 MB3 버튼을 눌러 Hide(숨기기)를 선택하면 스
케치 곡선과 평면을 보이지 않게 할 수 있다.

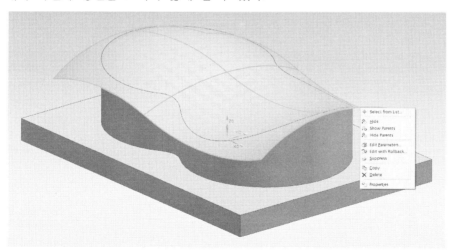

6. X-Y평면에 Sketch(스케치)하고 Extrude(돌출)하기

(1) X-Y평면에 Sketch하기

① Sketch in Task 아이콘이나 Insert에서 Sketch in Task Environment... 을 클릭한다.

② Create Sketch(스케치 생성) 대화상자

    ⓐ Type(유형) : On Plane(평면상에서)

    ⓑ Plane Method(평면 방법) : Existing Plane(기존 평면)

    ⓒ Select Planar Face or Plane에서 그림과 같이 평면을 선택하고 확인(OK)한다.

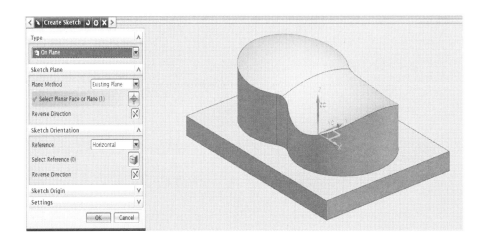

③ Sketch(스케치) 도구에서 Rectangle(사각형, ▢)을 선택하여 다음 그림과 같이 2점
   을 이용하여 임의의 사각형을 그린다.

④ Inferred Dimension(추정치수, ✏)을 클릭한다.

    ⓐ 사각형의 한 변을 선택한다.

    ⓑ 마우스를 움직여 적당한 위치를 클릭한다.

    ⓒ 도면의 치수를 입력하고 MB2 버튼을 누른다.

⑤ 사각형의 다른 변을 선택하여 치수를 입력한다.

⑥ 나머지 치수를 입력하고, 구속조건(⊥)을 선택하고 데이텀 원점과 사각형의 세로
   변을 선택하여 Midpoint(중간점, ┼)로 구속시킨다.

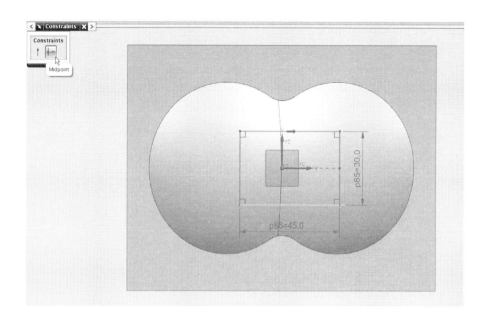

⑦ 스케치 곡선이 녹색으로 변화되어 완전정의되었음을 나타낸다.

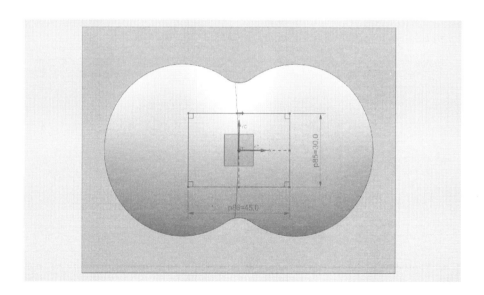

⑧ Finish Sketch(스케치 종료, 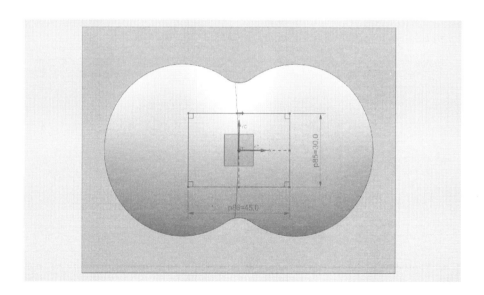 Finish Sketch)를 클릭한다.

⑨ Sketch 환경에서 Modeling 환경으로 전환된다.

(2) Sketch곡선 Extrude(돌출)하기

① 화면에서 MB3를 길게 눌러 Pup-up Icon이 나타나면 왼쪽 가운데의 ▦(Static Wire frame)을 선택한다.

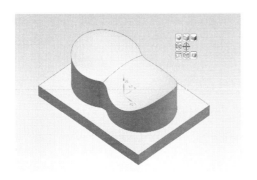
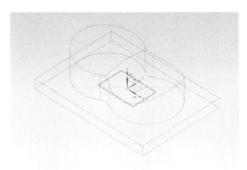

② Extrude(돌출, ▥)를 클릭한다.

③ Section(단면)의 Select Curve를 클릭하고 돌출할 스케치 곡선을 선택한다.

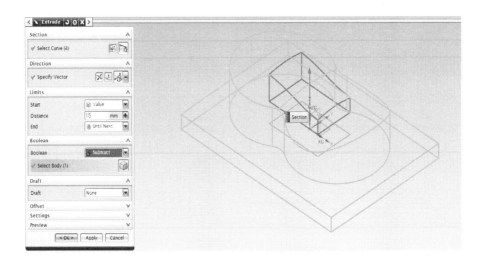

ⓐ Start(시작) : Value

ⓑ Distance(거리) : 15

ⓒ End(끝) : Until Next

ⓓ Boolean은 🏴 Subtract 을 선택하고, 확인(◦OK◦)하여 돌출을 실행한다.

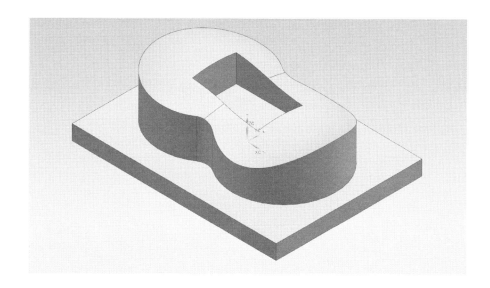

7. Edge Blend(모서리 블렌드)하기

Edge Blend(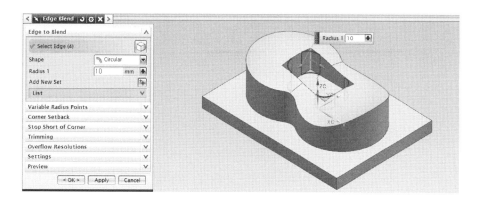)도구를 사용하여 R3부터 R2로 다음과 같은 순서대로 모서리를 선택하고 모깍기를 적용(Apply)해 간다.

(1) Edge Blend(모서리 블렌드)를 클릭한다.

(2) Edge to Blend(블렌드할 모서리)를 적용한다.

① Select Edge(모서리 선택) : 블렌드를 적용할 모서리를 선택

② Radius(반경) : 3을 입력하고 Apply(적용)

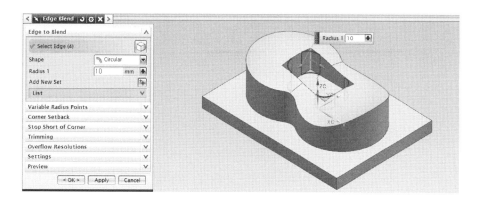

(3) Edge to Blend(블렌드할 모서리)를 적용한다.

① Select Edge(모서리 선택) : 블렌드를 적용할 모서리를 선택

② Radius(반경) : 5를 입력하고 Apply하고 R7과 R2도 같은 방법으로 Edge Blend한다.

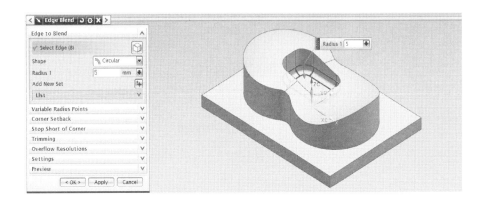

(4) 확인(< OK >)하여 Edge Blend(모서리 블렌드)를 실행한다.

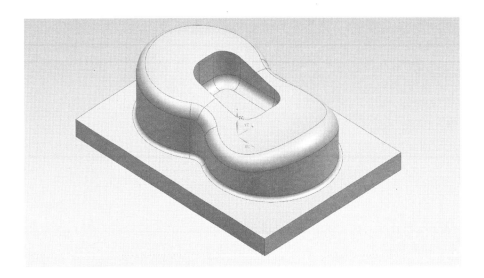

3-4 3D-CAD 따라하기-4

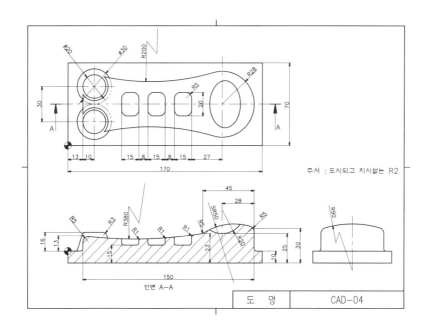

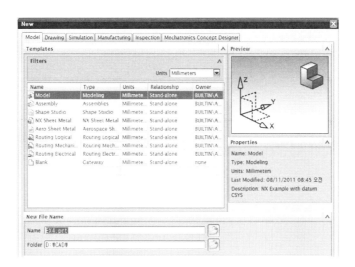

1. Modeling 시작하기

(1) NX8을 실행하고 New(시작)을 클릭하여 Model을 선택하고 작업파일을 저장할 폴더와 이름을 지정하고 [OK]한다.

2. X-Y평면에 Sketch(스케치)하고 Extrude(돌출)하기

(1) X-Y평면에 Sketch하기

① 아이콘이나 Insert에서 Sketch in Task Environment... 을 클릭한다.

② Create Sketch(스케치 생성) 대화상자

    ⓐ Type(유형) : On Plane(평면상에서)

    ⓑ Plane Method(평면 방법) : Existing Plane(기존 평면)

    ⓒ Select Planar Face or Plane를 클릭하고 X-Y평면을 선택하고 확인(OK)한다.

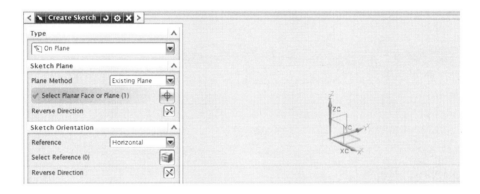

③ Pulldown 메뉴의 Task(Task)의 Sketch Style에서 ☐Continuous Auto Dimensioning 을 체크 해제하고 Dimension Label을 Value로 하고 확인(OK)한다.

④ Sketch(스케치) 도구에서 Rectangle(사각형, ☐)을 선택하여 다음 그림과 같이 2점을 이용하여 임의의 사각형을 그린다.

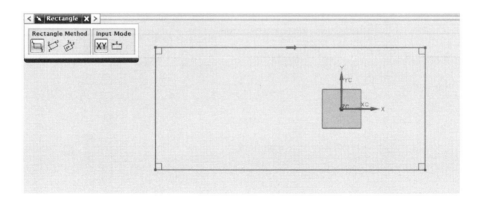

⑤ Inferred Dimension(추정치수, ⟋⟍)을 클릭한다.

　ⓐ 사각형의 한 변을 선택한다.

　ⓑ 마우스를 움직여 적당한 위치를 클릭한다.

　ⓒ 도면의 치수를 입력하고 MB2 버튼을 누른다.

⑥ 사각형의 다른 변을 선택하여 치수를 입력한다.

⑦ 구속조건(⟋⊥)을 선택하고 데이텀 원점과 사각형의 세로변을 선택하여 Midpoint(중

　간점, ╀─)로 구속시킨다.

⑧ 스케치 곡선이 녹색으로 변화되어 완전정의되었음을 나타낸다.

⑨ Finish Sketch(스케치 종료, ⚑ Finish Sketch)를 클릭한다.

⑩ Sketch 환경에서 Modeling 환경으로 전환된다.

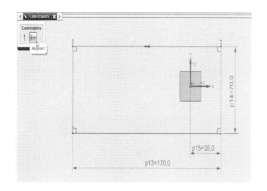
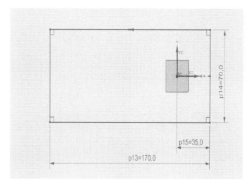

(2) Sketch곡선 Extrude(돌출)하기

① Extrude(돌출, ▥)를 클릭한다.

② Section(단면)의 Select Curve를 클릭하고 돌출할 스케치 곡선을 선택한다.

③ Revers Direction(⊠)을 클릭하여 돌출방향을 아래쪽으로 변경한다.

　Limits(한계)를 적용한다.

　ⓐ Start(시작) : Value

　ⓑ Distance(거리) : 0

　ⓒ End(끝) : Value

　ⓓ Distance(거리) : 10

④ 확인(OK   )을 클릭하여 돌출을 실행한다.

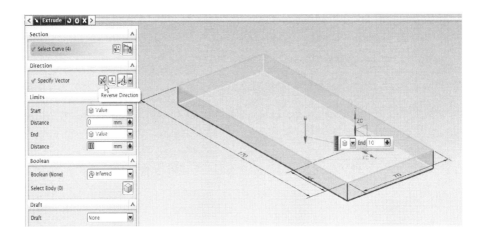

3. X-Y평면에 Sketch(스케치)하고 Extrude(돌출)하기

(1) X-Y평면에 Sketch하기

① 아이콘이나 Insert에서 [Sketch in Task Environment...] 을 클릭한다.

② Create Sketch(스케치 생성) 대화상자

  ⓐ Type(유형) : On Plane(평면상에서)

  ⓑ Plane Method(평면 방법) : Existing Plane(기존 평면)

  ⓒ Select Planar Face or PlaneD을 클릭하고 X-Y평면을 선택하고 확인(OK   )한다.

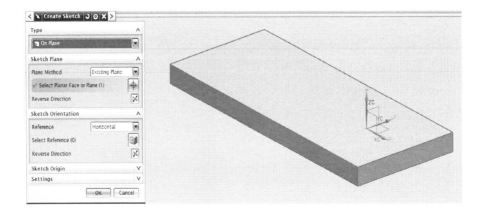

③ Sketch(스케치)도구에서 Profile(⊔) 또는 Line(╱)과 Arc(╲)이용하여 그림과
같이 스케치 곡선을 그리고, Fillet(╲)을 이용하여 그림과 같이 스케치 곡선을
Fillet하고 치수를 기입한다.

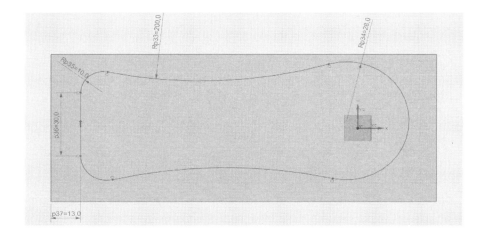

④ 구속조건(⊿)으로 왼쪽 Fillet 두 개를 선택하여 R10으로 Equal Radius(동등반경,
≋), 위쪽 R200과 아래쪽 원호를 선택하여 Equal Radius(동등반경, ≋), 데이텀
원점과 오른쪽 R28원호의 중심점을 선택하여 Coincident(일치, ╱), 왼쪽 수직선
(30)과 X축을 선택하여 Midpoint(중간점, ╀)로 구속시킨다.

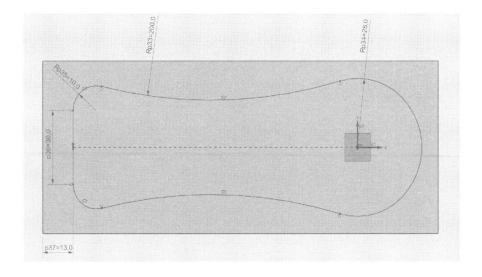

⑤ 스케치 곡선이 녹색으로 변화되어 완전정의되었음을 나타낸다.

⑥ Finish Sketch(스케치 종료, 🏁 Finish Sketch)를 클릭한다.

⑦ Sketch 환경에서 Modeling 환경으로 전환된다.

(2) Sketch곡선 Extrude(돌출)하기

① Extrude(돌출, 🗐)를 클릭한다.

② Section(단면)의 Select Curve를 클릭하고 돌출할 스케치 곡선을 선택한다.

③ Limits(한계)를 적용한다.

　ⓐ Start(시작) : Value

　ⓑ Distance(거리) : 0

　ⓒ End(끝) : Value

　ⓓ Distance(거리) : 35

④ Boolean을 🗐 Unite 을 선택하고 아래쪽 바디를 선택한다.

⑤ 확인(OK)을 클릭하여 돌출을 실행한다.

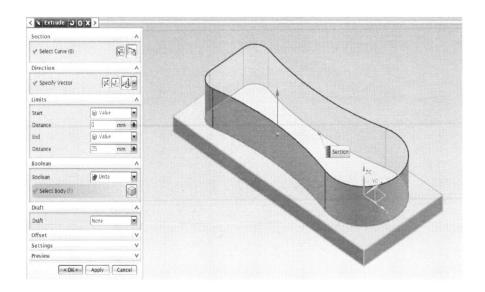

4. Sweep곡선을 Sketch(스케치)하고 Sweep(스윕)하기

(1) X-Z평면에 경로곡선 Sketch하기

① 아이콘이나 Insert에서 Sketch in Task Environment... 을 클릭한다.

② Create Sketch(스케치 생성) 대화상자

ⓐ Type(유형) : On Plane(평면상에서)

ⓑ Plane Method(평면 방법) : Existing Plane(기존 평면)

ⓒ Select Planar Face or Plane을 클릭하고 X-Z평면을 선택하고 확인(OK)한다.

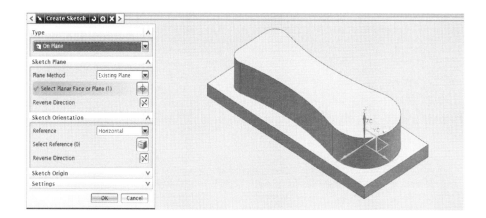

③ Sketch(스케치)도구에서 Arc( )를 이용하여 그림과 같이 스케치 곡선을 그리고, Inferred Dimension(추정치수,)을 클릭하여 그림과 같이 치수를 기입한다.

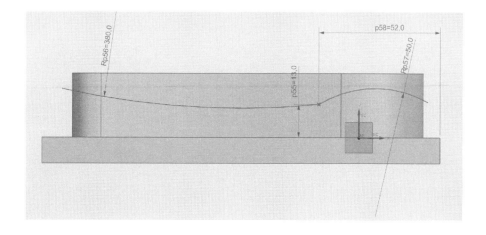

④ Insert의 Recipe Curve에서 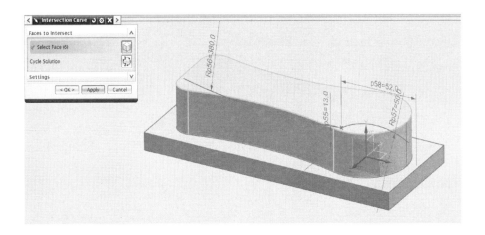 Intersection Curve... 를 클릭하고, 솔리드 바디의 측면을 선택하면, 오른쪽에 단면곡선이 나타나면 확인(＜OK＞)한다.

⑤ 단면곡선을 선택하고 MB3 버튼을 짧게 누르면 나타나는 대화상자에서 Convert to Reference를 선택하면 단면곡선이 참조선으로 변경된다.

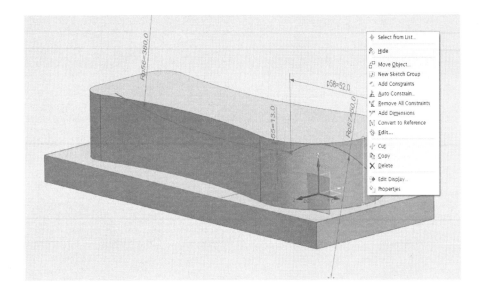

⑥ Front View ( )로 전환하여 R380 원호와 R50이 만나는 곳을 Fillet( )을 이용 하여 R5로 Fillet하고, 바디의 양쪽 끝부분에 Point(＋)를 두 곳 찍어서 높이 치수를 각각 13과 30으로 기입한다.

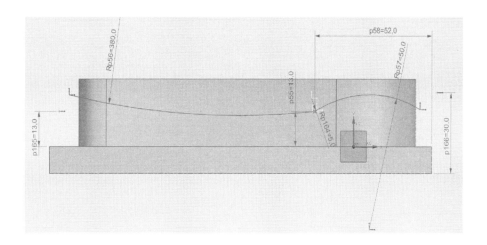

⑦ 구속조건( )으로 왼쪽 점과 수직선을 선택하고 Point on Curve(곡선상의 점,) 구속시키고, 오른쪽 점과 참조선을 선택하여 Point on Curve(곡선상의 점,)로 구속시킨다.

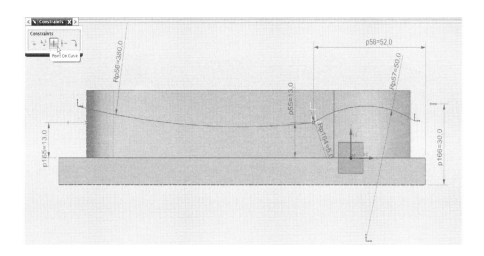

⑧ 구속조건( )으로 왼쪽 점과 R380 원호를 선택하고 Point on Curve(곡선상의 점,)구속시키고, 오른쪽 점과 R50 원호를 선택하여 Point on Curve(곡선상의 점,)로 구속시킨다. 이것은 경로곡선의 양쪽 끝점의 위치를 결정한다.

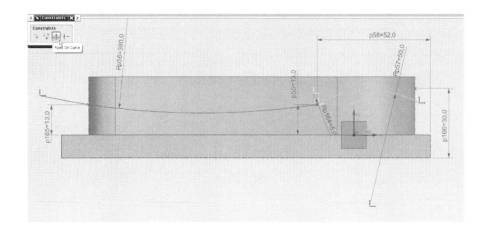

⑨ 경로곡선의 길이를 다음 그림과 같이 Sweep에 적당한 길이로 조절해 준다.

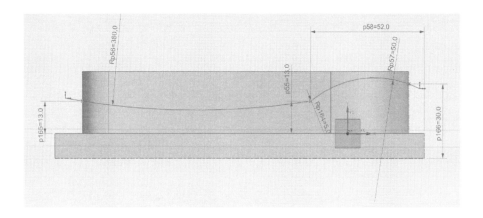

⑩ Finish Sketch(스케치 종료, 🏁 Finish Sketch)를 클릭한다.

⑪ Sketch 환경에서 Modeling 환경으로 전환된다.

(2) 경로곡선상의 평면에 단면곡선 Sketch하기

① 🔲 Sketch in Task 아이콘이나 Insert에서 🔲 Sketch in Task Environment... 을 클릭한다.

② Create Sketch(스케치 생성) 대화상자

ⓐ Type(유형) : On Path(경로상에서)

ⓑ Plane Method(평면 방법) : Existing Plane(기존 평면)

ⓒ Select Path Plane를 클릭하고 경로곡선의 끝점을 선택하고 확인(OK)한다.

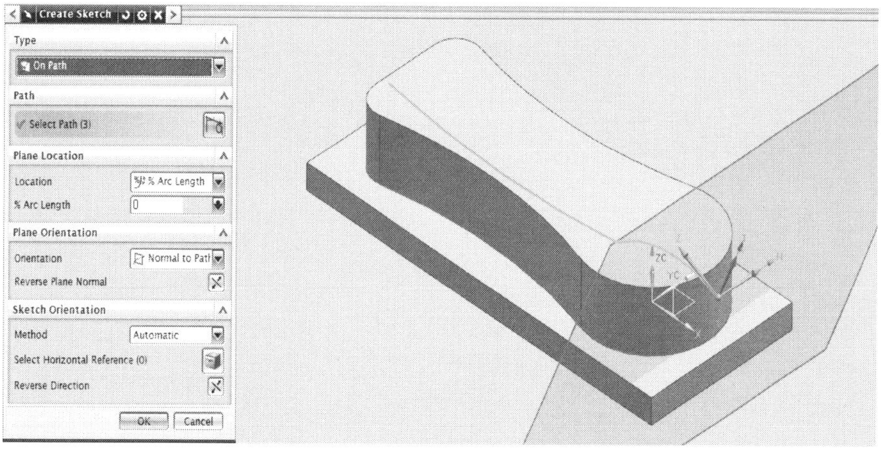

③ Right View ( )를 선택하고 Sketch(스케치)도구에서 Arc( )를 이용하여 그림과 같이 스케치 곡선을 그리고, 치수를 기입한다.

④ 구속조건( )을 선택하고 수직축 T와 R90 원호의 중심점을 선택하여 Point on Curve(곡선상의 점,)로 구속시킨다.

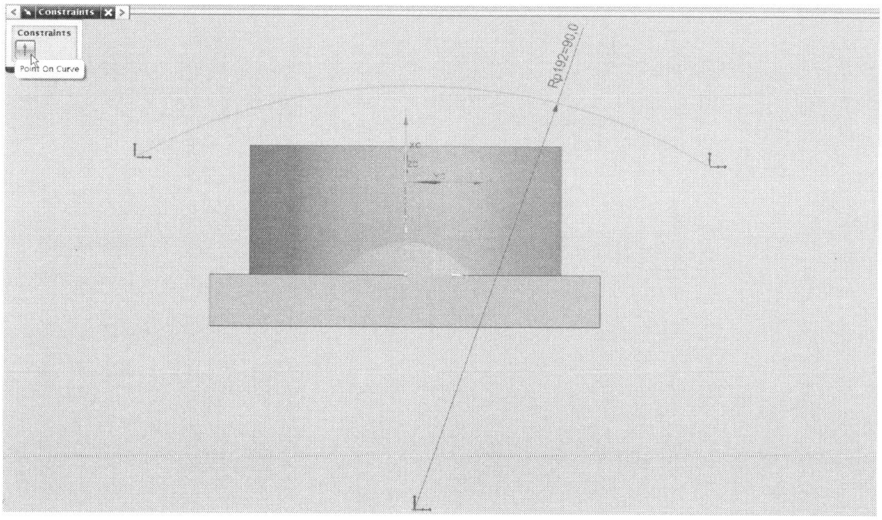

⑤ 구속조건( )으로 수평축 N과 R80 원호를 선택하여 Tangent(접선,)로 구속시킨다.

⑥ 단면곡선의 길이를 그림과 같이 적절하게 조절한다.

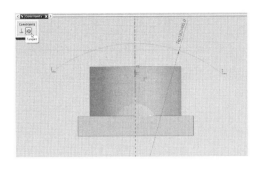
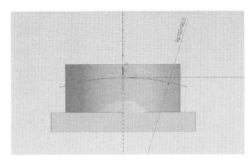

⑦ Finish Sketch(스케치 종료, 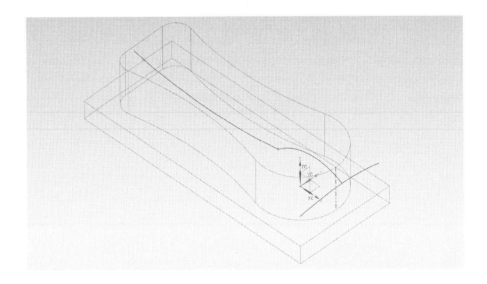)를 클릭한다.

⑧ Sketch 환경에서 Modeling 환경으로 전환된다.

⑨ 화면을 Static Wireframe 으로 나타내면 다음 그림과 같이 스윕을 하기 위한 경로곡선
과 단면곡선이 나타난다.

(3) Sketch곡선으로 Sweep(스윕)하기

① Insert의 Sweep에서 가이드를 따라 스위핑(Sweep along Guide...)을 선택하고 Section
의 Select Curve를 클릭한 후 단면곡선을 선택하고, Guide의 Select Curve를 클릭한
후 경로곡선을 선택한 다음 확인(OK)하여 스윕을 실행한다.

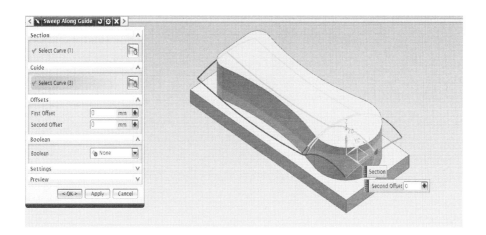

5. Feature Operation

(1) Trim Body(바디 자르기)하기

① Trim Body(⬜)를 선택한다.

② Target을 적용한다.

　Select Body를 클릭하고 잘라낼 솔리드 바디를 선택한다.

③ Tool을 적용한다.

　ⓐ Tool Option(도구 옵션) : Face or Plane(면 또는 평면)을 선택

　ⓑ Select Face or Plane(면 또는 평면 선택)을 클릭하고 Sweep(스윕)으로 생성한 곡
　　면을 선택한다.

　ⓒ Reverse Direction(방향 반전)은 잘려 없어지는 면을 반대로 한다. 원호로 돌출된
　　곡면에 나타난 화살표 방향이 없어지는 면이 된다.

④ 확인(＜OK＞)하여 Trim Body(바디 트리밍)를 실행한다.

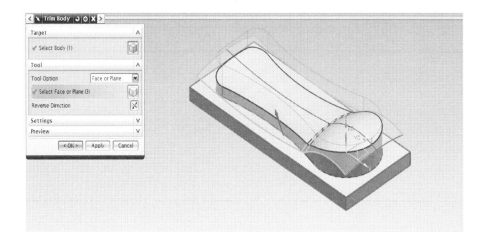

(2) Hide(숨기기)

① 스케치 곡선 또는 평면을 선택한 후 MB3 버튼을 눌러 Hide(숨기기)를 선택하면 스
   케치 곡선과 평면을 보이지 않게 할 수 있다.

6. X-Y평면에 Sketch(스케치)하고 Extrude(돌출)하기

(1) X-Y평면에 Sketch하기

① Sketch in Task 아이콘이나 Insert에서 Sketch in Task Environment... 을 클릭한다.

② Create Sketch(스케치 생성) 대화상자

   ⓐ Type(유형) : On Plane(평면상에서)

   ⓑ Plane Method(평면 방법) : Existing Plane(기존 평면)

   ⓒ Select Planar Face or Plane에서 그림과 같이 X-Y평면을 선택하고 확인(OK)한다.

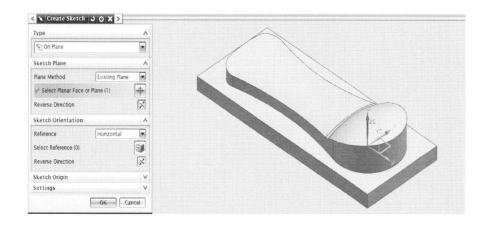

③ Sketch(스케치) 도구에서 Rectangle(사각형, ☐)을 선택하여 다음 그림과 같이 2점을 이용하여 임의의 사각형을 그린다.

④ Inferred Dimension(추정치수, ✍)을 클릭한다.

ⓐ 사각형의 한 변을 선택한다.

ⓑ 마우스를 움직여 적당한 위치를 클릭한다.

ⓒ 도면의 치수를 입력하고 MB2 버튼을 누른다.

⑤ 사각형의 다른 변을 선택하여 치수를 입력한다.

⑥ 나머지 치수를 입력하고, 구속조건(⟂)을 선택하고 데이텀 원점과 사각형의 세로 변을 선택하여 Midpoint(중간점, ┼)로 구속시킨다.

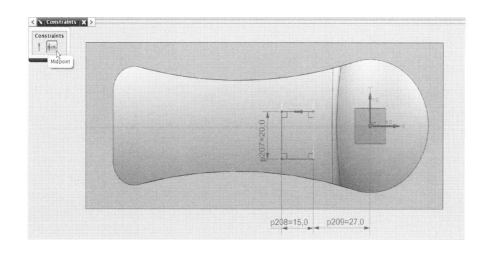

⑦ Pattern Curve(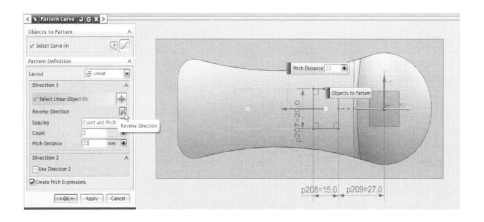)를 이용하여 직사각형을 선형배열 복사한다.

ⓐ Pattern 할 직사각형을 선택한다.

ⓑ Pattern Definition에서 Layout은 Linear로 하고 Spacing은 Count and Pitch로 하여 개수는 3, 피치는 23으로 입력하고 배열방향을 지정한다.

ⓒ 확인(◂OK▸)하여 Pattern Curve를 실행한다.

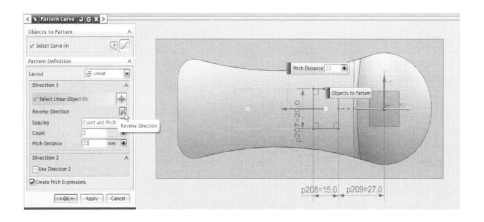

⑧ Finish Sketch(스케치 종료, Finish Sketch)를 클릭한다.

⑨ Sketch 환경에서 Modeling 환경으로 전환된다.

(2) Sketch곡선 Extrude(돌출)하기

① 화면에서 MB3를 길게 눌러 Pup-up Icon이 나타나면 왼쪽 가운데의 (Static Wire frame)을 선택한다.

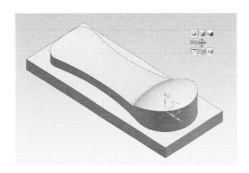
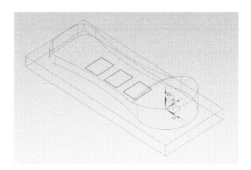

② Extrude(돌출, 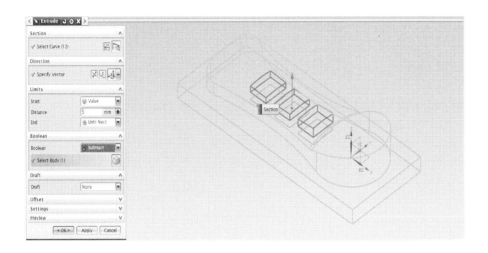)를 클릭한다.

③ Section(단면)의 Select Curve를 클릭하고 돌출할 스케치 곡선을 선택한다.

    ⓐ Start(시작) : Value

    ⓑ Distance(거리) : 5

    ⓒ End(끝) : Until Next

    ⓓ Boolean은 Subtract 을 선택하고, 확인(<OK>)하여 돌출을 실행한다.

7. X-Z평면에 Sketch(스케치)하고 Revolve(회전)하기

(1) X-Z평면에 Sketch하기

① Sketch in Task 아이콘이나 Insert에서 Sketch in Task Environment... 을 클릭한다.

② Create Sketch(스케치 생성) 대화상자

    ⓐ Type(유형) : On Plane(평면상에서)

    ⓑ Plane Method(평면 방법) : Existing Plane(기존 평면)

    ⓒ Select Planar Face or Plane을 클릭하고 X-Z평면을 선택하고 확인(OK)한다.

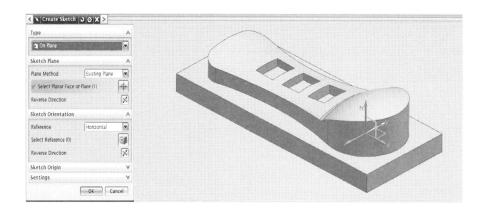

③ Sketch(스케치) 도구에서 ᒐ, ╱, ╲ 을 이용하여 그림과 같이 스케치 곡선을 그린다.

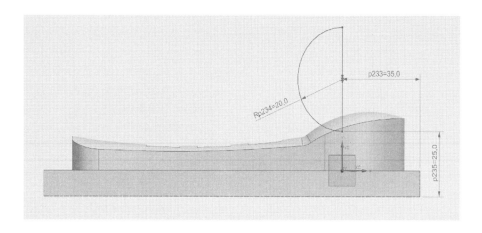

④ 스케치 곡선이 녹색으로 변화되어 완전정의되었음을 나타낸다.

⑤ Finish Sketch(스케치 종료, 🏁 Finish Sketch)를 클릭한다.

⑥ Sketch 환경에서 Modeling 환경으로 전환된다.

(2) Sketch곡선 Revolve(회전)하기

① Revolve(회전, 🛡)를 클릭한다.

② Section(단면)의 Select Curve를 클릭하고 돌출할 스케치 곡선을 선택한다.

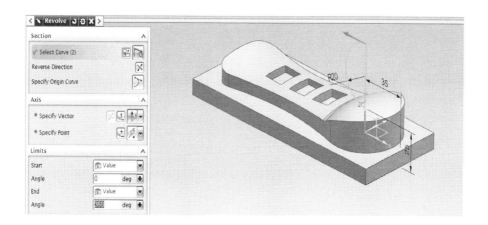

③ Axis의 Specify Vector를 클릭하고 ↑ Datum Axis 를 회전 중심축으로 선택하고, 회전 Limits는 360°로 하고, Boolean은 🗐 Subtract 로 한다.

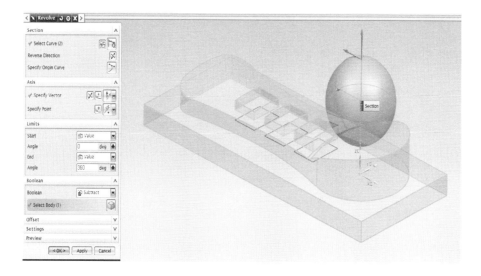

④ 확인(OK)을 클릭하여 회전을 실행한다.

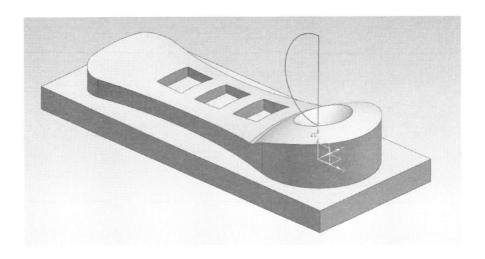

8. X-Y평면에 Z축 방향으로 Cone(원뿔, 🔺)생성하기

(1) Cone(원뿔, 🔺)아이콘을 클릭한다.

(2) Cone 대화상자에서

① Type(유형) : Diameters and Height(지름과 높이)

② Axis(축) : Specify Vector는 Z축 방향 선택한다.

③ Dimensions : Base Diameter 30, Top Diameter 20, Height 16을 입력한다.

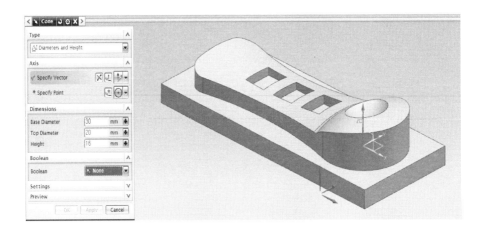

(3) Cone 대화상자에서

① Boolean은 🔂 Unite 을 선택한다.

② Specify Point는 Arc/Ellipse/Sphere Center를 선택하고 왼쪽의 R10을 지정한다.

③ 확인(OK)하여 Cone을 실행한다.

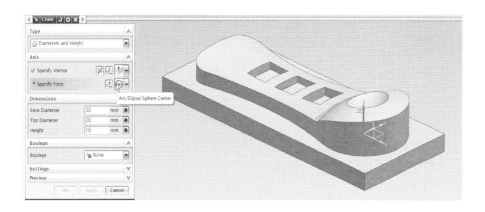

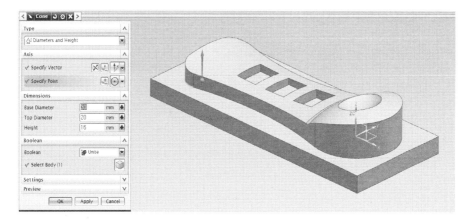

(4) 반대편 Cone도 같은 방법으로 지정한 후 확인(OK)하여 Cone을 실행한다.

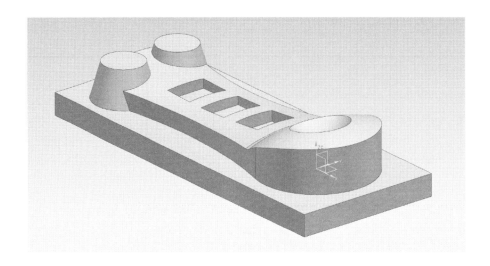

9. Edge Blend(모서리 블렌드)하기

Edge Blend (![icon])도구를 사용하여 Round가 큰 것부터 작은 순서로 모서리를 블렌드한다.

(1) Edge Blend(모서리 블렌드)를 클릭한다.

(2) Edge to Blend(블렌드할 모서리)를 적용한다.

① Select Edge(모서리 선택) : 블렌드를 적용할 모서리를 선택
② Radius(반경) : R5를 입력하고 Apply(적용)

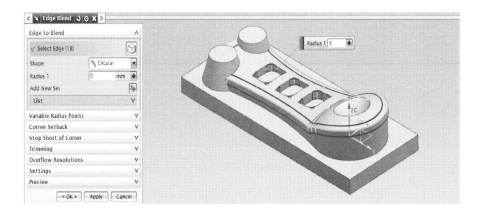

(3) Edge to Blend(블렌드할 모서리)를 적용한다.

① Select Edge(모서리 선택) : 블렌드를 적용할 모서리를 선택

② Radius(반경) : R3을 입력하고 Apply하고 R2도 같은 방법으로 Edge Blend한다.

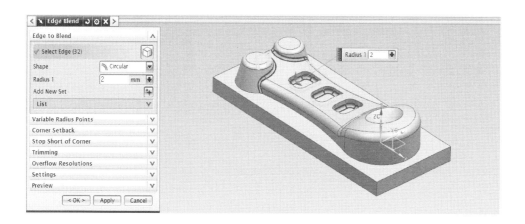

(4) Edge to Blend(블렌드할 모서리)를 적용한다.

① Select Edge(모서리 선택) : 블렌드를 적용할 모서리를 선택

② Radius(반경) : R2을 입력하고 Apply하고 R1도 같은 방법으로 Edge Blend한다.

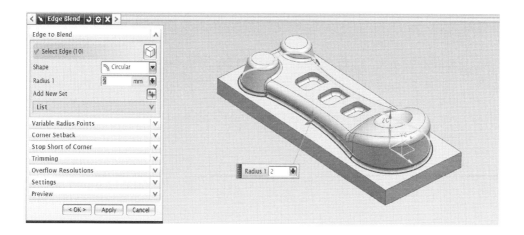

(5) 확인(<OK>)하여 Edge Blend(모서리 블렌드)를 실행한다.

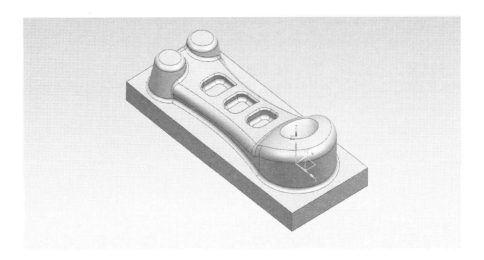

3-5 3D-CAD 따라하기-5

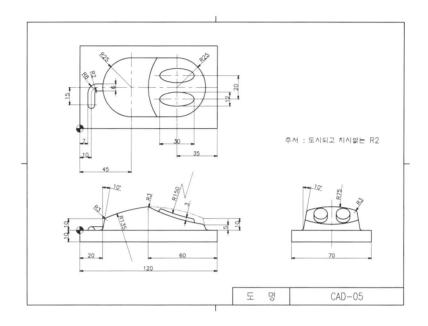

주서 : 도시되고 지시없는 R2

도 명	CAD-05

1. Modeling 시작하기

(1) NX8을 실행하고 New(시작)을 클릭하여 Model을 선택하고 작업파일을 저장할 폴더와 이름
을 지정하고 OK 한다.

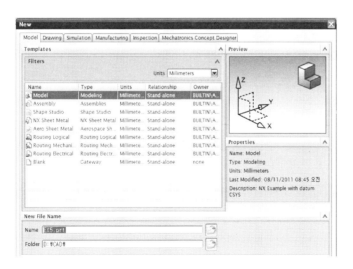

2. X-Y평면에 Sketch(스케치)하고 Extrude(돌출)하기

(1) X-Y평면에 Sketch하기

① ▣Sketch in Task 아이콘이나 Insert에서 ▣ Sketch in Task Environment... 을 클릭한다.

② Create Sketch(스케치 생성) 대화상자

   ⓐ Type(유형) : On Plane(평면상에서)

   ⓑ Plane Method(평면 방법) : Existing Plane(기존 평면)

   ⓒ Select Planar Face or Plane을 클릭하고 X-Y평면을 선택하고 확인(◻OK◻)한다.

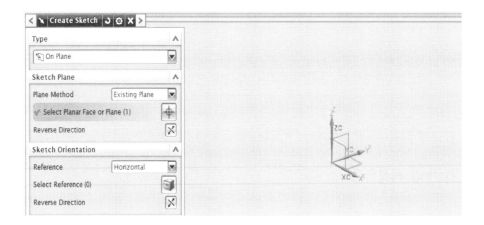

③ Pulldown 메뉴의 Task(▣ Task)의 Sketch Style에서 ◻Continuous Auto Dimensioning 을 체크 해제하고 Dimension Label을 Value로 하고 확인(◻OK◻)한다.

④ Sketch(스케치) 도구에서 Rectangle(사각형, ◻)을 선택하여 다음 그림과 같이 2점을 이용하여 임의의 사각형을 그린다.

⑤ Inferred Dimension(추정치수, ▨)를 클릭한다.

   ⓐ 사각형의 한 변을 선택한다.

   ⓑ 마우스를 움직여 적당한 위치를 클릭한다.

   ⓒ 도면의 치수를 입력하고 MB2 버튼을 누른다.

⑥ 사각형의 다른 변을 선택하여 치수를 입력한다.

⑦ 구속조건(⊥)으로 데이텀 원점과 사각형의 세로변을 선택하여 Midpoint(중간점, ┼)로 구속시킨다.

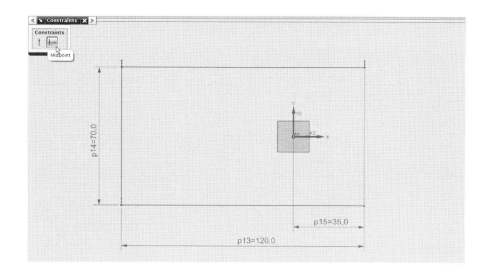

⑧ Sketch(스케치) 도구에서 Profile(∪)을 이용하여 다음 그림과 같이 곡선을 스케치 하여 치수를 기입하고, 구속조건(⊥)으로 오른쪽 R25 원호의 중심점과 데이텀 원 점을 선택하여 Coincident(일치, 「), 오른쪽 R25 원호와 왼쪽 원호를 선택하여 Equal Radius(동등반경, ≋)으로 구속시킨다.

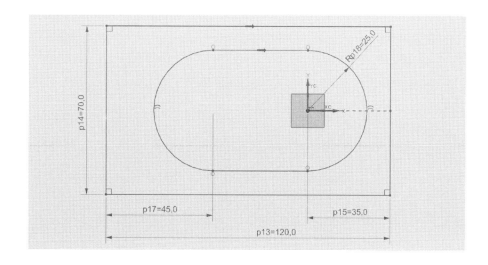

⑨ 스케치 곡선이 녹색으로 변화되어 완전정의되었음을 나타낸다.

⑩ Finish Sketch(스케치 종료, 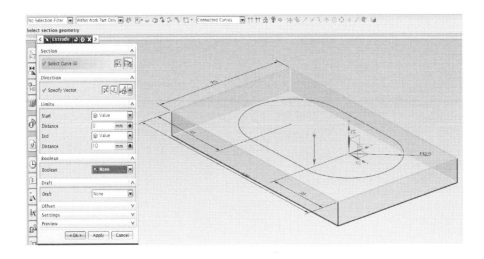Finish Sketch)를 클릭한다.

⑪ Sketch 환경에서 Modeling 환경으로 전환된다.

(2) Sketch곡선 Extrude(돌출)하기

① Extrude(돌출,)를 클릭한다.

② Section(단면)의 Select Curve를 클릭하고 돌출할 스케치 곡선을 선택한다.

③ Revers Direction()을 클릭하여 돌출방향을 아래쪽으로 변경한다.

　　Limits(한계)를 적용한다.

　　ⓐ Start(시작) : Value

　　ⓑ Distance(거리) : 0

　　ⓒ End(끝) : Value

　　ⓓ Distance(거리) : 10

④ 적용(Apply)을 클릭하여 돌출을 적용한다.

⑤ Section(단면)의 Select Curve를 클릭하고 돌출할 스케치 곡선을 선택한다.

⑥ Limits(한계)를 적용한다.

　　ⓐ Start(시작) : Value

　　ⓑ Distance(거리) : 0

ⓒ End(끝) : Value

ⓓ Distance(거리) : 20

⑦ Boolean을 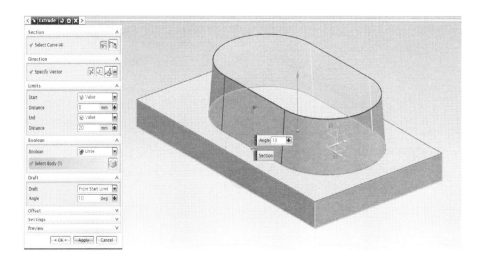 Unite 을 선택하고 아래쪽 바디를 선택한다.

⑧ Draft(구배)를 From Start Limit로 하고 Angle을 10도로 설정한다.

⑨ 확인(< OK >)을 클릭하여 돌출을 실행한다.

3. Sweep곡선을 Sketch(스케치)하고 Sweep(스윕)하기

(1) X-Z평면에 경로곡선 Sketch하기

① Sketch in Task 아이콘이나 Insert에서 Sketch in Task Environment... 을 클릭한다.

② Create Sketch(스케치 생성) 대화상자

ⓐ Type(유형) : On Plane(평면상에서)

ⓑ Plane Method(평면 방법) : Existing Plane(기존 평면)

ⓒ Select Planar Face or Plane을 클릭하고 X-Z평면을 선택하고 확인(OK)한다.

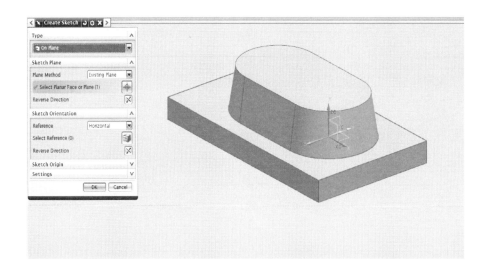

③ Sketch(스케치)도구에서 Arc(↘)를 이용하여 그림과 같이 원호를 그리고, Inferred
Dimension(추정치수, ↗)을 클릭하여 원호의 치수를 기입한다.

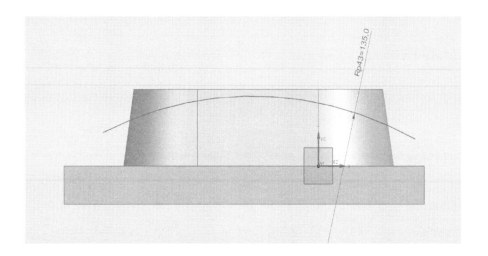

④ Insert의 Recipe Curve에서 ✎ Intersection Curve... 를 클릭한 후 솔리드 바디의 측면을
선택하고 오른쪽에 단면곡선이 나타나면 적용(Apply)을 클릭하고, 한 번 더 바디의
측면을 선택하고 Cycle Solution(🔄)을 클릭하여 왼쪽에도 단면곡선이 나타나면 확
인(< OK >)한다.

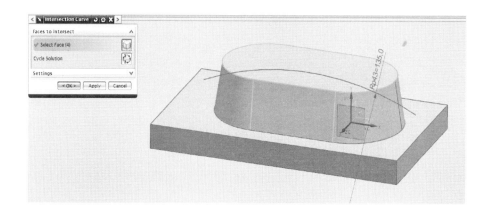

⑤ 단면곡선을 선택하고 MB3 버튼을 짧게 누르면 나타나는 대화상자에서 Convert to Reference를 선택하면 단면곡선이 참조선으로 변경된다.

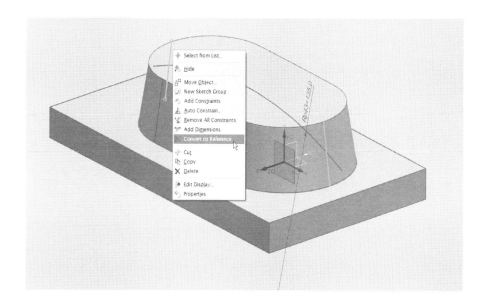

⑥ Front View (⌐)로 전환하여 바디의 양쪽 끝부분에 Point(+)를 두 곳 찍어서 높이 치수를 각각 10으로 기입한다.

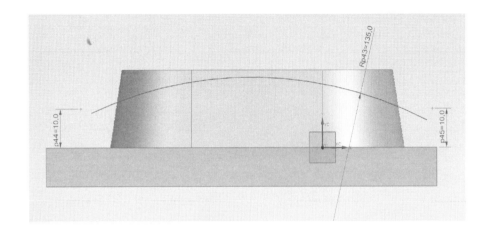

⑦ 구속조건( )으로 왼쪽 점과 참조선을 선택하고 Point on Curve(곡선상의 점,)
으로 구속시키고, 오른쪽 점과 참조선을 선택하여 Point on Curve(곡선상의 점,)
구속시킨다.

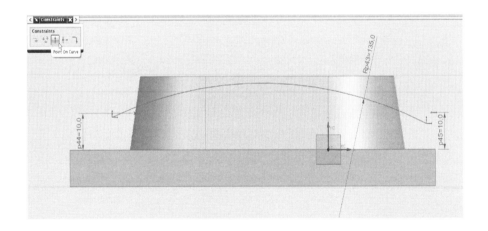

⑧ 구속조건( )으로 왼쪽 점과 R135 원호를 선택하고 Point on Curve(곡선상의 점,
)구속시키고, 오른쪽 점과 R135 원호를 선택하여 Point on Curve(곡선상의 점,
)로 구속시킨다. 이것은 경로곡선의 양쪽 끝점의 위치를 결정한다.

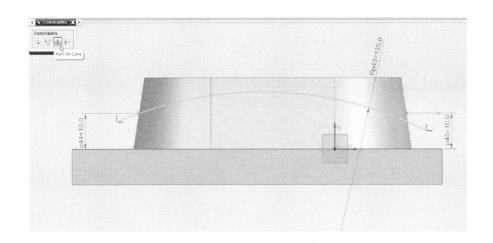

⑨ 경로곡선의 길이를 다음 그림과 같이 Sweep에 적당한 길이로 조절해 준다.

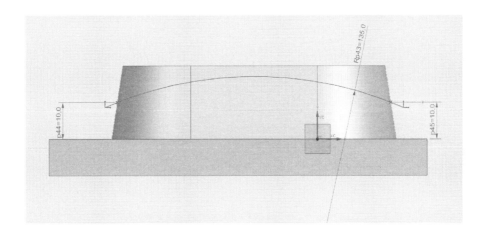

⑩ Finish Sketch(스케치 종료, 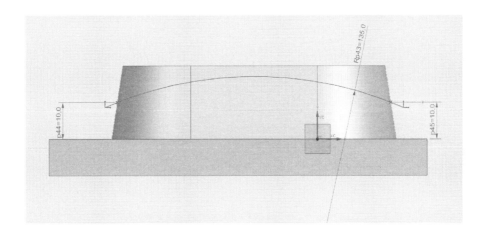 Finish Sketch)를 클릭한다.

⑪ Sketch 환경에서 Modeling 환경으로 전환된다.

(2) 경로곡선상의 평면에 단면곡선 Sketch하기

① 아이콘이나 Insert에서 Sketch in Task Environment... 을 클릭한다.

② Create Sketch(스케치 생성) 대화상자

ⓐ Type(유형) : On Path(경로상에서)

ⓑ Plane Method(평면 방법) : Existing Plane(기존 평면)

ⓒ Select Path Plane을 클릭하고 경로곡선의 끝점을 선택하고 확인(◯ OK ◯)한다.

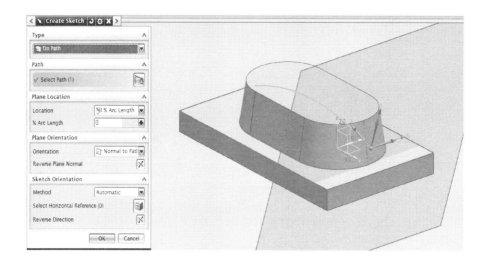

③ Right View(▱)를 선택하고 Sketch(스케치) 도구에서 Arc(↘)를 이용하여 그림과 같이 스케치 곡선을 그리고, 치수를 기입한다.

④ 구속조건(⊿)으로 수평축 N과 R75 원호를 선택하여 Tangent(접선, ◌)로 구속시킨다.

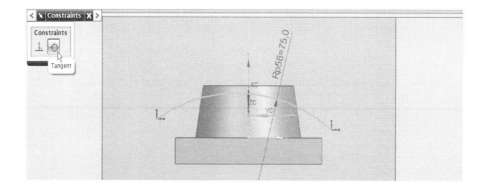

⑤ 구속조건(⊿)을 선택하고 수직축 T와 R75 원호의 중심점을 선택하여 Point on Curve(곡선상의 점, ┃)로 구속시킨다.

⑥ 단면곡선의 길이를 그림과 같이 적절하게 조절한다.

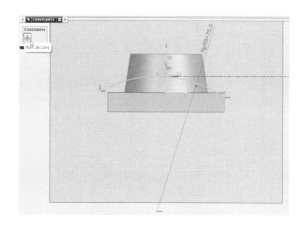 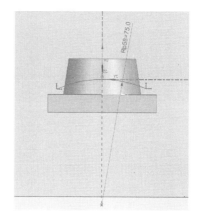

⑦ Finish Sketch(스케치 종료, 🏁 Finish Sketch)를 클릭한다.

⑧ Sketch 환경에서 Modeling 환경으로 전환된다.

⑨ 화면을 🗊 Static Wireframe 으로 나타내면 다음 그림과 같이 스윕을 하기 위한 경로곡선
과 단면곡선이 나타난다.

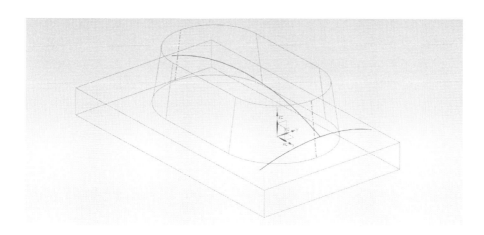

(3) Sketch곡선으로 Sweep(스윕)하기

① Insert의 Sweep에서 가이드를 따라 스위핑(🗇 Sweep along Guide...)을 선택하고 Section
의 Select Curve를 클릭한 후 단면곡선을 선택하고, Guide의 Select Curve를 클릭한
후 경로곡선을 선택한 다음 확인(< OK >)하여 스윕을 실행한다.

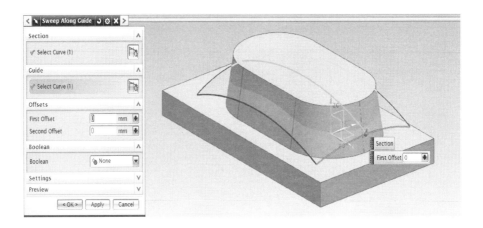

4. Feature Operation

(1) Trim Body(바디 자르기)하기

① Trim Body( )를 선택한다.

② Target을 적용한다.

　　Select Body를 클릭하고 잘라낼 솔리드 바디를 선택한다.

③ Tool을 적용한다.

　ⓐ Tool Option(도구 옵션) : Face or Plane(면 또는 평면)을 선택

　ⓑ Select Face or Plane(면 또는 평면 선택)을 클릭하고 Sweep(스윕)으로 생성한 곡
　　면을 선택한다.

　ⓒ Reverse Direction(방향 반전)은 잘려 없어지는 면을 반대로 한다. 원호로 돌출된
　　곡면에 나타난 화살표 방향이 없어지는 면이 된다.

④ 확인(<OK>)하여 Trim Body(바디 트리밍)를 실행한다.

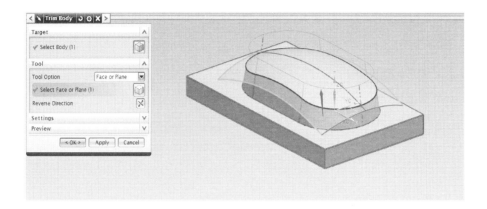

(2) Hide(숨기기)

① 스케치 곡선 또는 평면을 선택한 후 MB3 버튼을 눌러 Hide(숨기기)를 선택하면 스케치 곡선과 평면을 보이지 않게 할 수 있다.

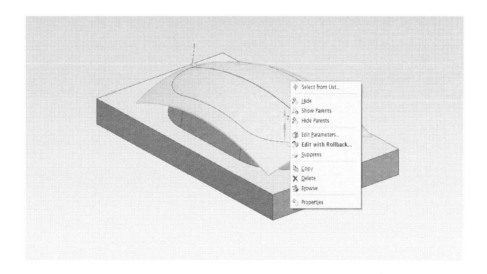

5. X-Z평면 Sketch(스케치)로 Extrude(돌출)하고 Trim Body(바디 자르기)

(1) X-Z평면에 Sketch하기

① Sketch in Task 아이콘이나 Insert에서 Sketch in Task Environment... 을 클릭한다.

② Create Sketch(스케치 생성) 대화상자

　ⓐ Type(유형) : On Plane(평면상에서)

　ⓑ Plane Method(평면 방법) : Existing Plane(기존 평면)

　ⓒ Select Planar Face or Plane에서 그림과 같이 X-Z평면을 선택하고 확인(OK)한다.

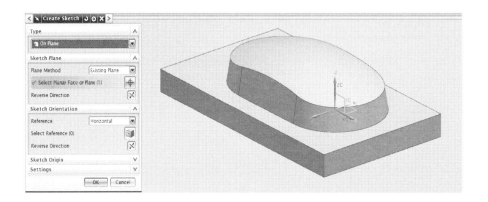

③ Sketch(스케치) 도구에서 Arc(↘)를 이용하여 그림과 같이 원호를 그리고, Inferred Dimension(추정치수, ↗)를 클릭하여 원호의 치수 150을 기입한다.

④ Front View (┗)로 전환하여 바디의 위쪽과 오른쪽에 Point(+)를 두 곳 찍고 그림과 같이 치수를 각각 60과 5로 기입한다.

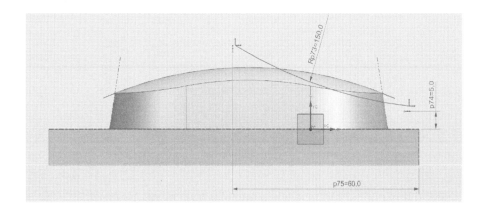

⑤ 구속조건(⟋⊥)으로 오른쪽 점과 참조선을 선택하여 Point on Curve(곡선상의 점, ↑)으로 구속시키고, 위쪽 선과 스케치 원호곡선을 선택하여 Point on Curve(곡선상의 점, ↑)으로 구속시킨다.

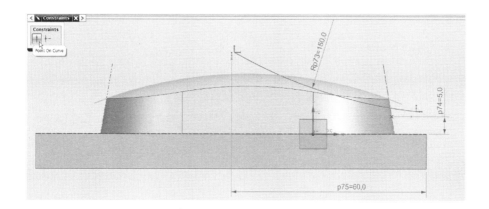

⑥ 구속조건(⟂)으로 오른쪽 점과 R150 원호를 선택하고 Point on Curve(곡선상의 점,
  ↑)으로 구속시키고, 위쪽 점과 R150 원호를 선택하여 Point on Curve(곡선상의 점,
  ↑)으로 구속시킨다.

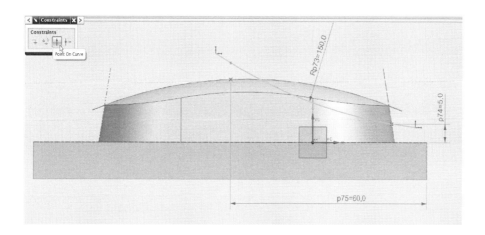

⑦ Finish Sketch(스케치 종료, Finish Sketch)를 클릭한다.
⑧ Sketch 환경에서 Modeling 환경으로 전환된다.

(2) Sketch곡선 Extrude(돌출)하기

① Extrude(돌출,)를 클릭한다.
② Section(단면)의 Select Curve를 클릭하고 돌출할 스케치 곡선을 선택한다.
  ⓐ Start(시작) : Symmetric Value

  ⓑ Distance(거리) : 30

  ⓒ End(끝) : Symmetric Value

  ⓓ Boolean은 🔘 None 을 선택하고, 확인(< OK >)하여 돌출을 실행한다.

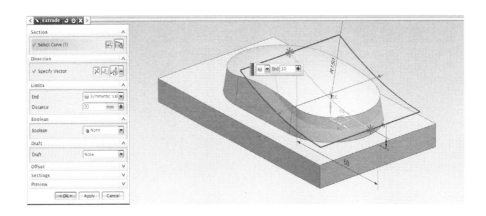

(3) Trim Body(바디 자르기)하기

① Trim Body(⬜)를 선택한다.

② Target을 적용한다.

  Select Body를 클릭하고 잘라낼 솔리드 바디를 선택한다.

③ Tool을 적용한다.

  ⓐ Tool Option(도구 옵션) : Face or Plane(면 또는 평면)을 선택

  ⓑ Select Face or Plane(면 또는 평면 선택)을 클릭하고 Extrude(돌출)로 생성한 곡면
    을 선택한다.

  ⓒ Reverse Direction(방향 반전)은 잘려 없어지는 면을 반대로 한다. 원호로 돌출된
    곡면에 나타난 화살표 방향이 없어지는 면이 된다.

④ 확인(< OK >)하여 Trim Body(바디 트리밍)를 실행한다.

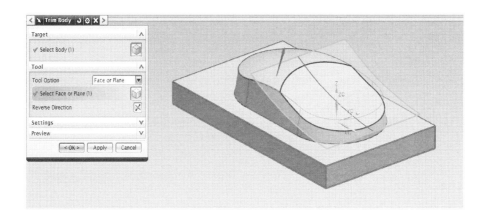

6. X-Y평면에 타원을 Sketch(스케치)하고 Extrude(돌출)하기

(1) X-Y평면에 타원 Sketch하기

① 아이콘이나 Insert에서 🔠 Sketch in Task Environment... 을 클릭한다.

② Create Sketch(스케치 생성) 대화상자

ⓐ Type(유형) : On Plane(평면상에서)

ⓑ Plane Method(평면 방법) : Existing Plane(기존 평면)

ⓒ Select Planar Face or Plane를 클릭하고 X-Y평면을 선택하고 확인(OK)한다.

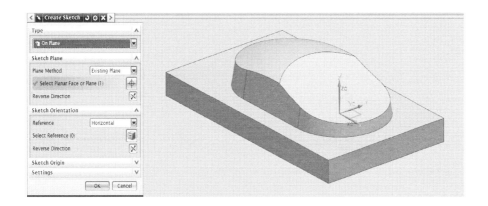

③ Insert의 Curve에서 ⊙ Ellipse... 를 선택한다.

ⓐ Center(중심) : Specify Point에서 ⊡을 클릭하고 Y -10을 지정한다.

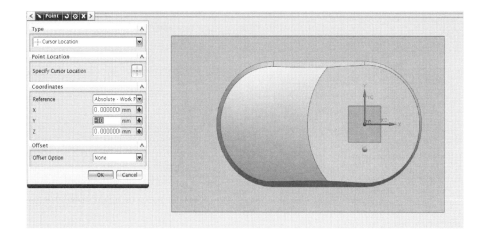

ⓑ Major Radius : 15

ⓒ Minor Radius : 6

ⓓ Angle : 0 으로 입력하고 적용(Apply)한다.

ⓔ 반대편 타원도 Y값을 10으로 지정하여 같은 방법으로 확인(< OK >)한다.

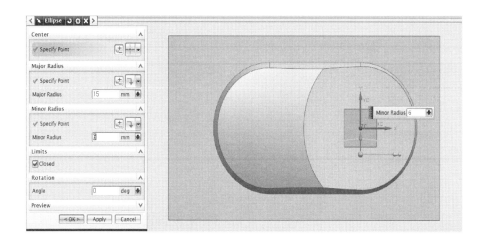

④ Finish Sketch(스케치 종료, Finish Sketch)를 클릭한다.

⑤ Sketch 환경에서 Modeling 환경으로 전환된다.

(2) 타원 스케치 곡선을 임의 평면까지 Extrude(돌출)하기

① 돌출 평면을 Show(보이기)한다.

② Insert의 Offset/Scale에서  Offset Surface... 클릭하여 돌출평면을 3 mm Offset한다.

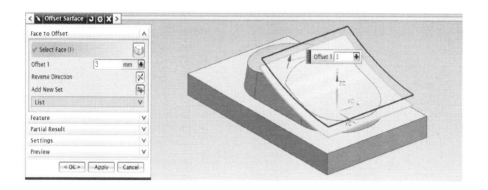

③ Extrude(돌출,)를 클릭하고 화면을 Static Wireframe 으로 나타낸다.

④ Section(단면)의 Select Curve를 클릭하고 돌출할 스케치 곡선을 선택한다.

⑤ Limits(한계)를 적용한다.

ⓐ Start(시작) : Value

ⓑ Distance(거리) : 0

ⓒ End(끝) : Until Selected로 하고 3 mm Offset 평면을 선택한다.

⑥ Boolean을 Unite 을 선택하고 아래쪽 바디를 선택한다.

⑦ 확인(< OK >)하여 돌출을 적용한다.

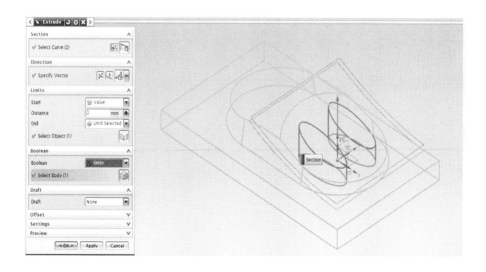

7. X-Y평면에 Sketch(스케치)하고 Extrude(돌출)하기

(1) X-Y평면에 Sketch하기

① ▨ Sketch in Task 아이콘이나 Insert에서 ▨ Sketch in Task Environment... 을 클릭한다.

② Create Sketch(스케치 생성) 대화상자

ⓐ Type(유형) : On Plane(평면상에서)

ⓑ Plane Method(평면 방법) : Existing Plane(기존 평면)

ⓒ Select Planar Face or Plane을 클릭하고 X-Y평면을 선택하고 확인(OK)한다.

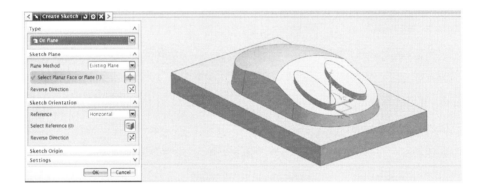

③ Sketch(스케치) 도구에서 Profile(⌂)을 이용하여 그림과 같이 스케치 곡선을 그려
치수를 기입한 다음, 오른쪽 수직선과 데이텀 원점을 선택하여 Midpoint(┼)로 구
속한다.

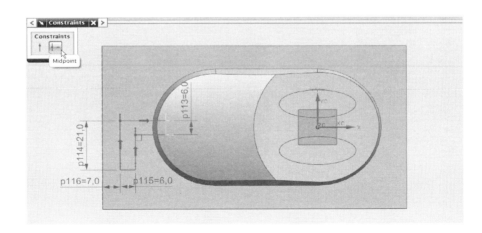

④ Finish Sketch(스케치 종료, 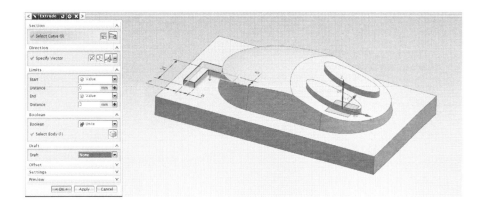Finish Sketch)를 클릭한다.

⑤ Sketch 환경에서 Modeling 환경으로 전환된다.

(2) Sketch곡선 Extrude(돌출)하기

① Extrude(돌출, ▣)를 클릭한다.

② Section(단면)의 Select Curve를 클릭하고 돌출할 스케치 곡선을 선택한다.

③ Limits(한계)를 적용한다.

 ⓐ Start(시작) : Value

 ⓑ Distance(거리) : 0

 ⓒ End(끝) : 3

④ Boolean을 ⚫ Unite 을 선택하고 아래쪽 바디를 선택한다.

⑤ 확인(< OK >)하여 돌출을 실행한다.

8. Edge Blend(모서리 블렌드)하기

Edge Blend (◼)도구를 사용하여 Round가 큰 것부터 작은 순서로 모서리를 블렌드한다.

① Edge Blend(모서리 블렌드)를 클릭한다.

② Edge to Blend(블렌드할 모서리)를 적용한다.

 ⓐ Select Edge(모서리 선택) : 블렌드를 적용할 모서리를 선택

 ⓑ Radius(반경) : R3를 입력하고 Apply(적용)

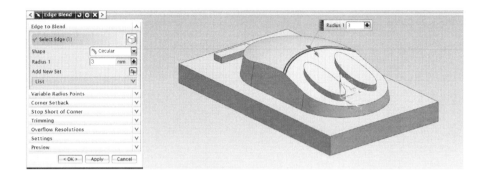

③ Edge to Blend(블렌드할 모시리)를 적용한다.

ⓐ Select Edge(모서리 선택) : 블렌드를 적용할 모서리를 선택

ⓑ Radius(반경) : R3을 입력하고 Apply하고 R2도 같은 방법으로 Edge Blend한다.

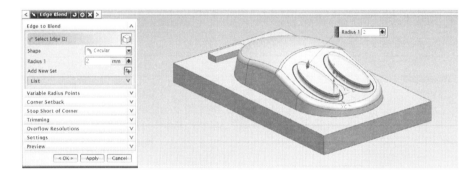

④ Edge to Blend(블렌드할 모서리)를 적용한다.

ⓐ Select Edge(모서리 선택) : 블렌드를 적용할 모서리를 선택

ⓑ Radius(반경) : R2을 입력하고 Apply하고 R8을 같은 방법으로 Edge Blend한 후 R3을 Edge Blend한다.

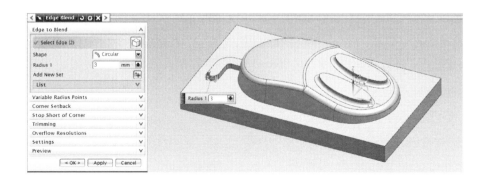

⑤ Edge to Blend(블렌드할 모서리)를 적용한다.

    ⓐ Select Edge(모서리 선택) : 블렌드를 적용할 모서리를 선택

    ⓑ Radius(반경) : R3을 입력하고 Apply한 후 R2입력한다.

⑥ 확인(<OK>)하여 Edge Blend(모서리 블렌드)를 실행한다.

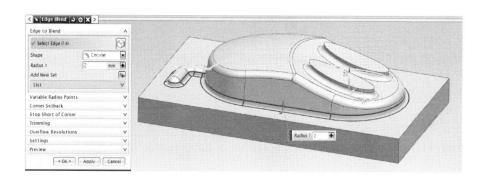

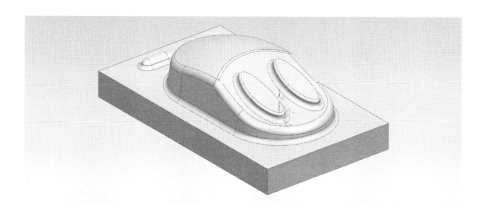

3-6   3D-CAD 따라하기-6

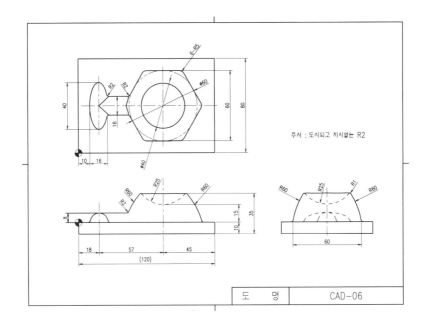

주서 : 도시되고 지시없는 R2

도   명   CAD-06

1. Modeling 시작하기

(1) NX8을 실행하고 New(시작)을 클릭하여 Model을 선택하고 작업파일을 저장할 폴더와 이름을 지정하고 ⬜OK⬜ 한다.

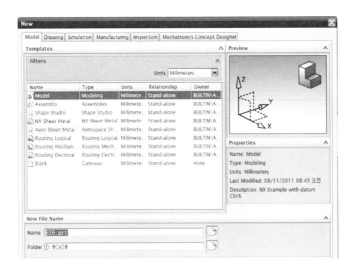

2. X-Y평면에 Sketch(스케치)하고 Extrude(돌출)하기

(1) X-Y평면에 Sketch하기

① [아이콘] 아이콘이나 Insert에서 [아이콘] Sketch in Task Environment... 을 클릭한다.

② Create Sketch(스케치 생성) 대화상자

   ⓐ Type(유형) : On Plane(평면상에서)

   ⓑ Plane Method(평면 방법) : Existing Plane(기존 평면)

   ⓒ Select Planar Face or Plane을 클릭하고 X-Y평면을 선택하고 확인(OK)한다.

③ Pulldown 메뉴의 Task([아이콘] Task)의 Sketch Style에서 □Continuous Auto Dimensioning 을 체크 해제하고 Dimension Label을 Value로 하고 확인(OK)한다.

④ Sketch(스케치) 도구에서 Rectangle(사각형, □)을 선택하여 다음 그림과 같이 2점을 이용하여 임의의 사각형을 그린다.

⑤ Inferred Dimension(추정치수, [아이콘])을 클릭한다.

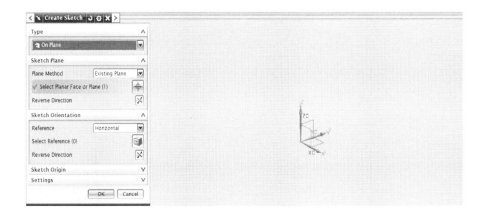

   ⓐ 사각형의 한 변을 선택한다.

   ⓑ 마우스를 움직여 적당한 위치를 클릭한다.

   ⓒ 도면의 치수를 입력하고 MB2 버튼을 누른다.

⑥ 사각형의 다른 변을 선택하여 치수를 입력한다.

⑦ 구속조건([아이콘])으로 데이텀 원점과 사각형의 세로변을 선택하여 Midpoint(중간점,

＋－)로 구속시킨다.

⑧ 스케치 곡선이 녹색으로 변화되어 완전정의되었음을 나타낸다.

⑨ Finish Sketch(스케치 종료, 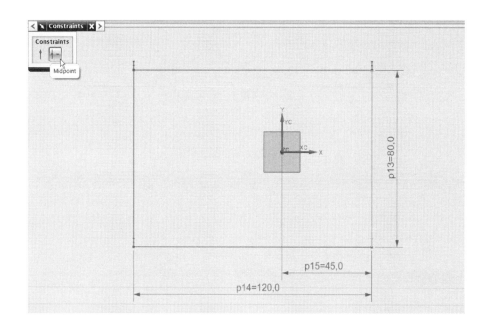 Finish Sketch)를 클릭한다.

⑩ Sketch 환경에서 Modeling 환경으로 전환된다.

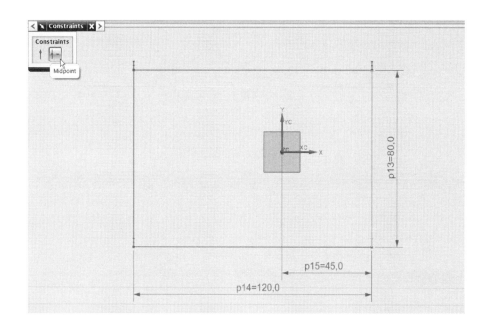

(2) Sketch곡선 Extrude(돌출)하기

① Extrude(돌출, 🔲)를 클릭한다.

② Section(단면)의 Select Curve를 클릭하고 돌출할 스케치 곡선을 선택한다.

③ Revers Direction(⊠)을 클릭하여 돌출방향을 아래쪽으로 변경한다.

   Limits(한계)를 적용한다.

   ⓐ Start(시작) : Value

   ⓑ Distance(거리) : 0

   ⓒ End(끝) : Value

   ⓓ Distance(거리) : 10

④ 확인(< OK >)을 클릭하여 돌출을 실행한다.

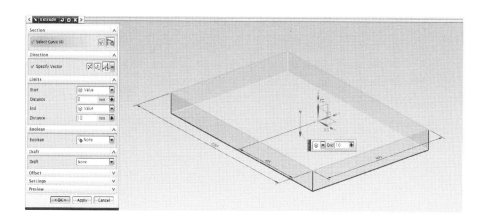

3. Sweep곡선을 Sketch(스케치)하고 Sweep(스윕)하기

(1) X-Y평면에 단면곡선(1) Sketch하기

① Sketch in Task 아이콘이나 Insert에서 Sketch in Task Environment... 을 클릭한다.

② Create Sketch(스케치 생성) 대화상자

  ⓐ Type(유형) : On Plane(평면상에서)

  ⓑ Plane Method(평면 방법) : Existing Plane(기존 평면)

  ⓒ Select Planar Face or Plane를 클릭하고 X-Y평면을 선택하고 확인(OK)한다.

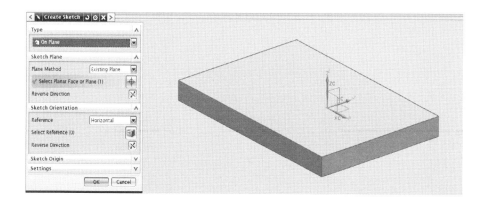

③ Sketch(스케치)도구에서 Circle(○)를 이용하여 데이팀 원점을 중심점으로 원을 그리고 치수 60을 기입한 다음, MB3 버튼을 짧게 눌러 참조선으로 변경해 준다.

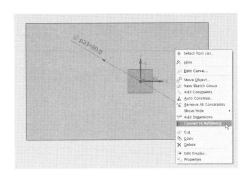
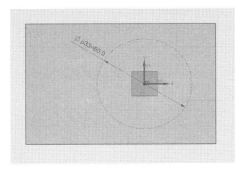

④ Insert의 Curve에서 ⬡ Polygon... 또는 스케치 도구에서 ⬡(다각형)을 클릭한 후 다각

형의 Center를 ⊞을 선택하여 데이텀 원점을 선택하고 확인(OK)한다.

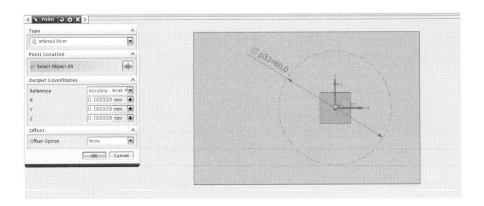

⑤ 다각형 위에서 MB3 버튼을 눌러 Size를 Circumscribed Radius를 선택하고 Rotation

을 0으로 하여 육각형을 생성한다.

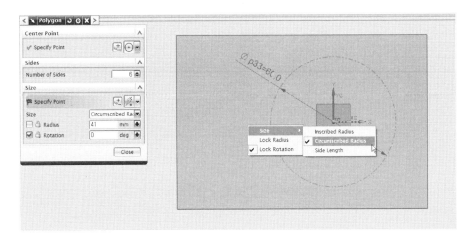

⑥ Finish Sketch(스케치 종료, 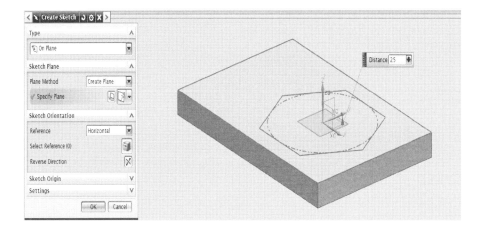Finish Sketch)를 클릭한다.

⑦ Sketch 환경에서 Modeling 환경으로 전환된다.

(2) 임의평면에 단면곡선(2) Sketch하기

① Sketch in Task 아이콘이나 Insert에서 Sketch in Task Environment... 을 클릭한다.

② Create Sketch(스케치 생성) 대화상자

   ⓐ Type(유형) : On Plane(평면상에서)

   ⓑ Plane Method(평면 방법) : Create Plane(생성 평면)

   ⓒ Specify Plane에서 X-Y평면을 선택하고 Distance 값을 25로 하고 확인(OK)한다.

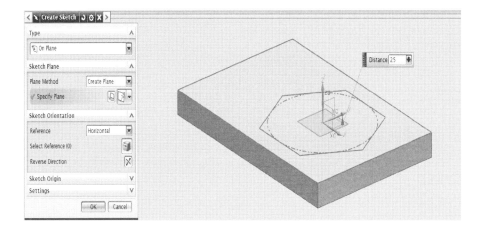

③ Sketch(스케치)도구에서 Circle(○)를 이용하여 데이텀 원점을 중심점으로 원을 그리고 치수 40을 기입한 다음, Finish Sketch(스케치 종료, Finish Sketch)를 클릭한다.

④ Sketch 환경에서 Modeling 환경으로 전환된다.

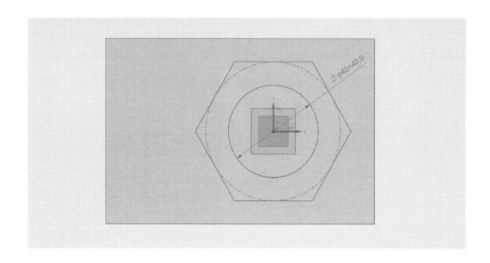

(3) X-Z평면에 안내곡선 Sketch하기

① ▨ 아이콘이나 Insert에서 ▨ Sketch in Task Environment... 을 클릭한다.

② Create Sketch(스케치 생성) 대화상자

   ⓐ Type(유형) : On Plane(평면상에서)

   ⓑ Plane Method(평면 방법) : Existing Plane(기존 평면)

   ⓒ Specify Plane에서 X-Z평면을 선택하고 확인(OK)한다.

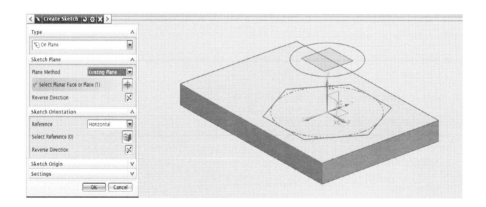

③ Snap Pont(스냅점)을 End Point(끝점, ◿), Quadrant Point(사분점, ⊙)만 활성화 시키고 Sketch(스케치)도구에서 Arc(⤵)를 이용하여 그림과 같이 원호를 그려 치수를 60으로 기입한 다음 MB2 버튼을 누른다.

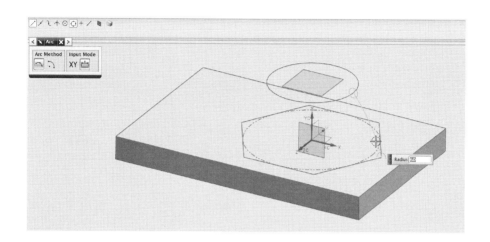

④ R60 원호를 선택하고 구속조건( )으로 Fully Fixed( )로 구속시킨다.

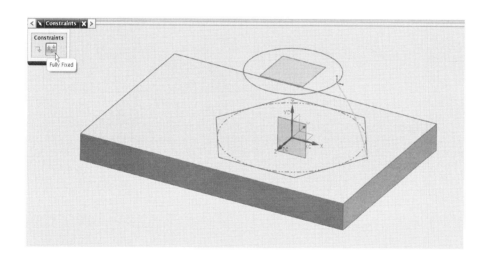

⑤ 반대쪽에도 위와 같은 방법으로 R60으로 원호를 스케치 한다.

⑥ Finish Sketch(스케치 종료, Finish Sketch)를 클릭한다.

⑦ Sketch 환경에서 Modeling 환경으로 전환된다.

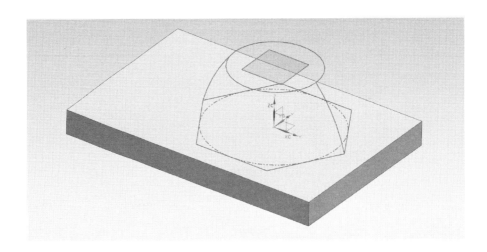

(4) Sketch곡선으로 Sweep(스윕)하기

① Insert의 Sweep에서 Swept(Swept...)을 선택하고 Sections의 Select Curve를 클릭한
후 다음 그림과 같이 단면곡선1을 선택하고, Add New Set ⬕으로 단면곡선2를 선
택해 준다.

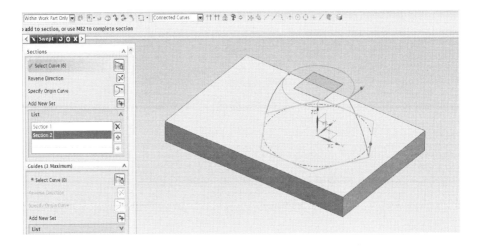

② Guides의 Select Curve를 클릭한 후 다음 그림과 같이 안내곡선1을 선택하고, Add
New Set ⬕으로 안내곡선2를 선택해 준다.

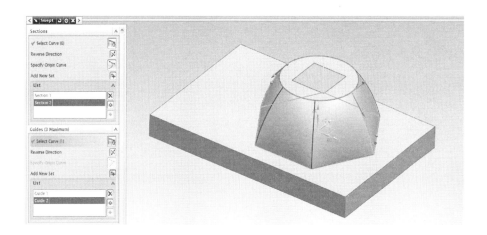

③ 확인(<OK>)하여 Swept를 실행한다.

4. X-Z평면에 Sketch(스케치)하고 Revolve(회전)하기

(1) X-Z평면에 Sketch하기

① [아이콘] Sketch in Task 아이콘이나 Insert에서 [아이콘] Sketch in Task Environment... 을 클릭한다.

② Create Sketch(스케치 생성) 대화상자

   ⓐ Type(유형) : On Plane(평면상에서)

   ⓑ Plane Method(평면 방법) : Existing Plane(기존 평면)

   ⓒ Select Planar Face or Plane를 클릭하고 X-Z평면을 선택하고 확인(OK)한다.

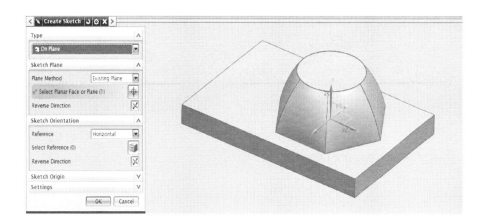

③ Sketch(스케치) 도구에서 Profile(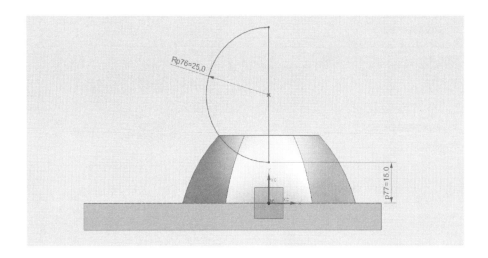)을 이용하여 그림과 같이 스케치 곡선을 그리고
   치수를 기입한다.

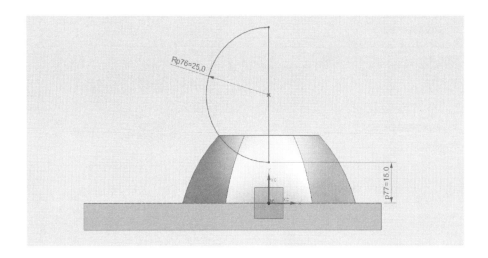

④ 스케치 곡선이 녹색으로 변화되어 완전정의되었음을 나타낸다.

⑤ Finish Sketch(스케치 종료, ▧ Finish Sketch)를 클릭한다.

⑥ Sketch 환경에서 Modeling 환경으로 전환된다.

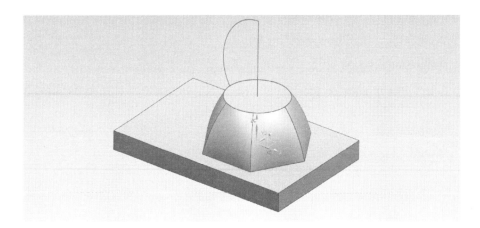

(2) Sketch곡선 Revolve(회전)하기

① Revolve(회전, ▧)를 클릭한다.

② Section(단면)의 Select Curve를 클릭하고 돌출할 스케치 곡선을 선택한다.

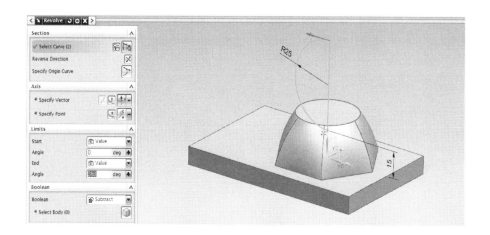

③ Axis의 Specify Vector를 클릭하고 ↑ Datum Axis 를 회전 중심축으로 선택하고, 회전
   Limits는 360°로 하고, Boolean은 ⌷ Subtract 로 한다.

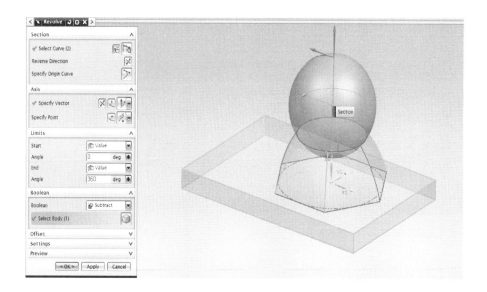

④ 확인(<u>OK</u>)을 클릭하여 회전을 실행한다.

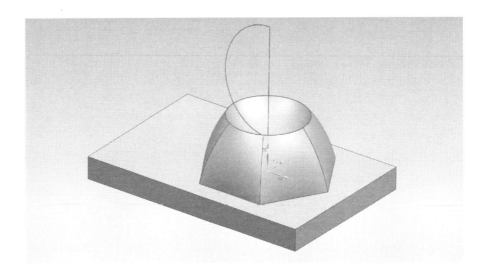

5. X-Y평면에 타원을 Sketch(스케치)하고 Revolve(회전)하기

(1) X-Y평면에 타원 Sketch하기

① 아이콘이나 Insert에서 Sketch in Task Environment... 을 클릭한다.

② Create Sketch(스케치 생성) 대화상자

ⓐ Type(유형) : On Plane(평면상에서)

ⓑ Plane Method(평면 방법) : Existing Plane(기존 평면)

ⓒ Select Planar Face or Plane를 클릭하고 X-Y평면을 선택하고 확인(OK)한다.

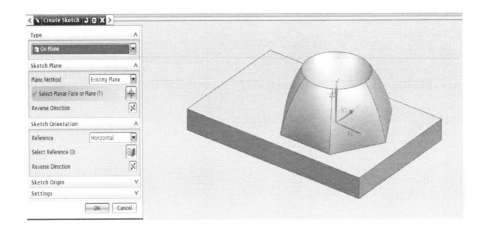

③ Insert의 Curve에서 ⊙ Ellipse… 를 선택한다.

ⓐ Center(중심) : Specify Point에서 ⊞을 클릭하고 X -57을 지정한다.

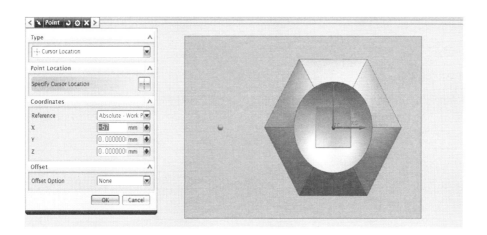

ⓑ Major Radius : 20

ⓒ Minor Radius : 8

ⓓ Angle : 90 으로 입력하고 확인(< OK >)하여 타원을 실행한다.

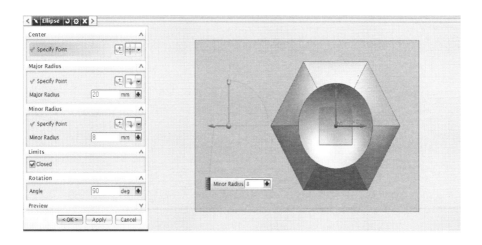

④ Line(✏)을 이용하여 타원에 세로선을 그린다.

⑤ Finish Sketch(스케치 종료, 🏁 Finish Sketch)를 클릭한다.

⑥ Sketch 환경에서 Modeling 환경으로 전환된다.

(2) 타원 스케치 곡선을 Revolve(회전)하기

① Revolve(회전,)를 클릭한다.

② Section(단면)의 Select Curve를 클릭하고 돌출할 스케치 곡선을 선택한다.

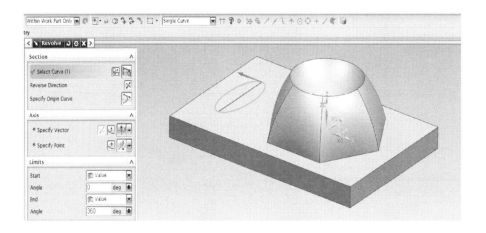

③ Axis의 Specify Vector는 Y축을 선택하고 Specify Point는 타원의 세로선의 중심을
  선택한다. 회전 Limits는 360°로 설정하고, Boolean은 Unite 로 한다.

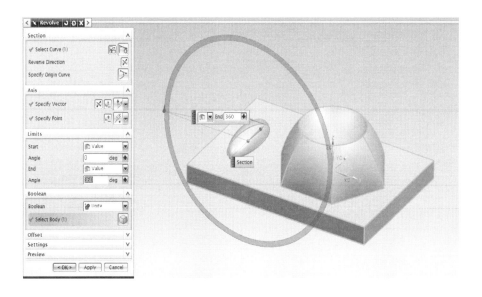

④ 확인(OK)하여 회전을 실행한다.

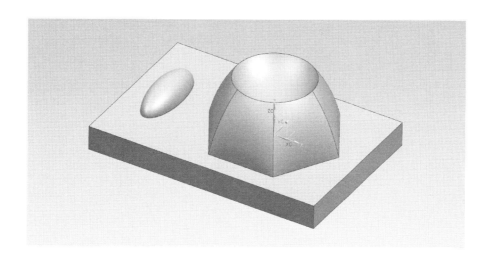

6. Y-Z평면에 Sketch(스케치)하고 Extrude(돌출)하기

(1) Y-Z평면에 Sketch하기

① 아이콘이나 Insert에서 Sketch in Task Environment... 을 클릭한다.

② Create Sketch(스케치 생성) 대화상자

ⓐ Type(유형) : On Plane(평면상에서)

ⓑ Plane Method(평면 방법) : Existing Plane(기존 평면)

ⓒ Select Planar Face or Plane를 클릭하고 Y-Z평면을 선택하고 확인(OK)한다.

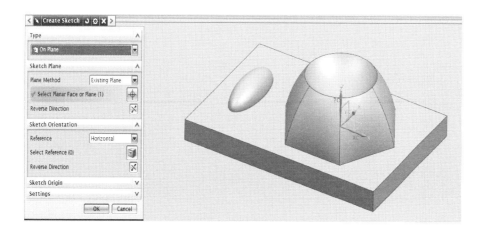

③ Sketch(스케치)도구에서 Profile(⌣)을 이용하여 다음 그림과 같이 스케치하고 치수
를 기입한다.

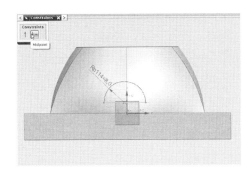 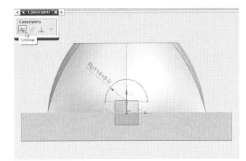

④ 구속조건(⊥)으로 Midpoint(⊢)와 Collinear(╲)로 구속시킨다.

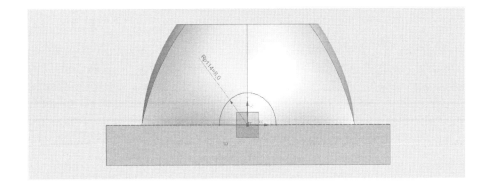

⑤ Finish Sketch(스케치 종료, 🏁 Finish Sketch)를 클릭한다.
⑥ Sketch 환경에서 Modeling 환경으로 전환된다.

(2) Extrude(돌출)하기

① Extrude(돌출, 📖)를 클릭하고 화면을 🔷 Static Wireframe 으로 나타낸다.
② Section(단면)의 Select Curve를 클릭하고 돌출할 스케치 곡선을 선택한다.
  ⓐ Start(시작) : Value
  ⓑ Distance(거리) : 0
  ⓒ End(끝) : Until Selected로 하고 타원을 회전한 바디를 선택한다.

ⓓ Boolean은 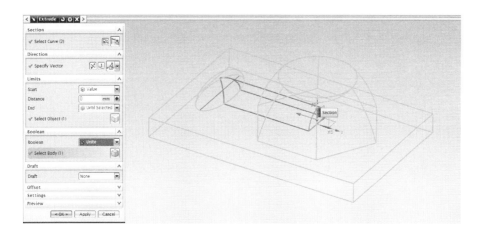 Unite을 선택한다.

③ 확인(< OK >)하여 돌출을 적용한다.

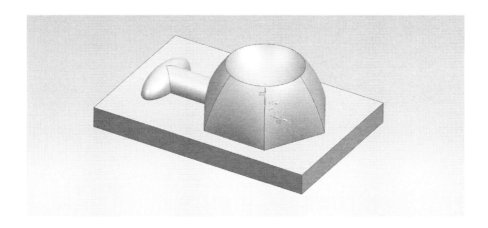

7. Edge Blend(모서리 블렌드)하기

Edge Blend (🔲)도구를 사용하여 Round가 큰 것부터 작은 순서로 모서리를 블렌드한다.

① Edge Blend(모서리 블렌드)를 클릭한다.
② Edge to Blend(블렌드할 모서리)를 적용한다.
  ⓐ Select Edge(모서리 선택) : 블렌드를 적용할 모서리를 선택

ⓑ Radius(반경) : R5를 입력하고 Apply(적용)한다.

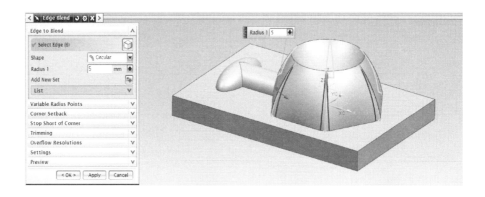

③ Edge to Blend(블렌드할 모서리)를 적용한다.

ⓐ Select Edge(모서리 선택) : 블렌드를 적용할 모서리를 선택

ⓑ Radius(반경) : R2을 입력하고 Apply한다.

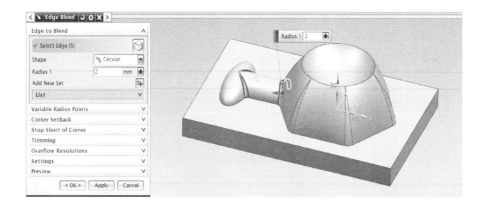

④ Edge to Blend(블렌드할 모서리)를 적용한다.

ⓐ Select Edge(모서리 선택) : 블렌드를 적용할 모서리를 선택

ⓑ Radius(반경) : R2을 입력하고 Apply한다.

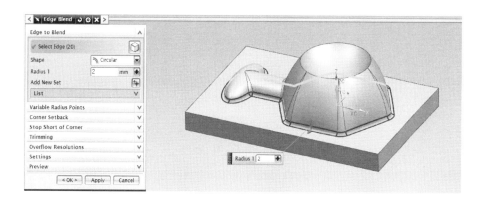

⑤ 위쪽은 R1로 Edge Blend하고, 확인(< OK >)하여 Edge Blend(모서리 블렌드)를 실행한다.

⑥ 다음 그림과 같이 Modelling이 완성된다.

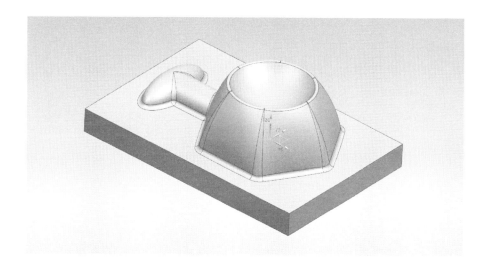

CAM 따라하기

4-1 CAM 따라하기-1

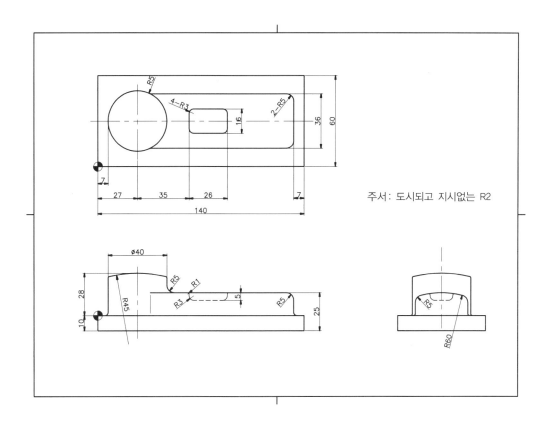

주서 : 도시되고 지시없는 R2

절삭지시서

공구 번호	작업 내용	파일명	공구조건		tool path 간격 (mm)	절삭조건				비고
			종류	직경		회전수 (rpm)	이송 (mm/min)	절입량 (mm)	가공 잔량 (mm)	
1	황삭	황삭.NC	FEM	12	4	800	80	4	0.5	
2	정삭	정삭.NC	BEM	6	0.5	1200	160	-	-	
3	잔삭	잔삭.NC	BEM	4	-	1500	200	-	-	펜슬 가공

요구사항

• 기계가공 원점(0.0, 0.0, 0.0) 기호는 ● 로 한다.

• 평 엔드밀은 FEM(Flat END Mill), 볼 엔드밀은 BEM(Ball End Mill)으로 표기한다.

• 반드시 도면에 표시된 기계가공 원점을 기준으로 NC Data를 생성한다.

• NC Data 생성 후 T코드, M코드 등은 NC 절삭지시서에 맞도록 반드시 NC Data를 수정한다.

• 공작물을 고정하는 베이스(바닥에서 10 mm 높이) 윗부분만 NC Data 생성한다.

• 황삭 가공에서 Z방향의 공구 시작 높이는 공작물 표면으로부터 10 mm 정도로 한다.

• 공구번호, 작업내용, 공구조건, tool path 간격, 절삭조건 등은 반드시 NC 절삭지시서의 주어진 요
  구 조건에 따른다.

• 안전 높이는 기계가공 원점에서 50 mm 정도로 한다.

1. Manufacturing 시작하기

(1) NX를 실행하고 Open(열기)을 클릭하여 모델링한 파트파일을 불러온다.

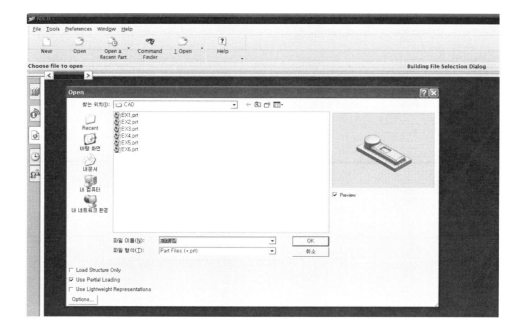

(2) Start(시작) → Manufacturing을 클릭하여 CAM 환경으로 들어간다.

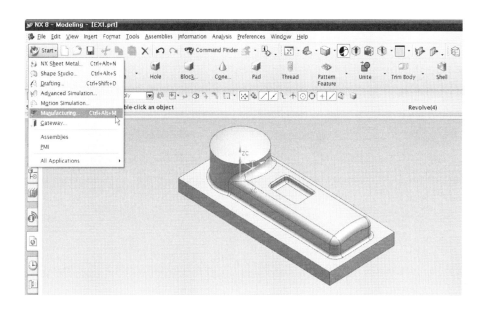

(3) Machining Environment(가공환경)설정

① CAM Session Configuration : cam_general

② CAM Setup to Create : mill_contour

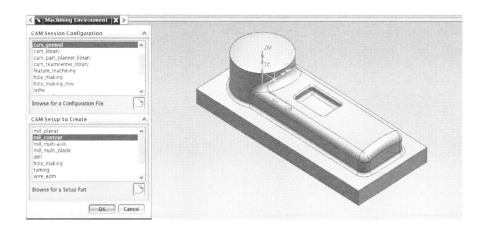

TIP mill_planer : 2차원 평면가공

mill_contour : 3축 가공

mill_multi-axis : 4축 이상 다축가공

drill : 드릴가공

hole_making : 구멍가공

2. MCS Mill(기계좌표계 설정)

(1) Operation Navigator에서 마우스의 오른쪽 버튼을 누르고 나타나는 대화상자에서 Geometry
View를 클릭한다.

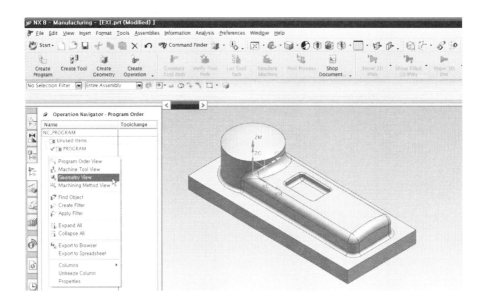

(2) Operation Navigator에 MCS_MILL이 나타난다.

(3) MCS_MILL를 선택하고 MB3 버튼을 누르고 나타나는 대화상자에서 Edit를 클릭한다.

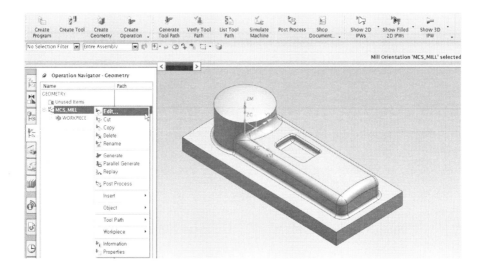

(4) Mill Orient 대화상자가 나타난다.

① Specify MCS (MCS지정)의 Point Constructor(점 생성자, 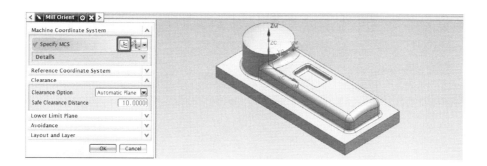)를 클릭한다.

② CSYS 대화상자가 나타나면 프로그램 원점이 될 지점을 선택하고 확인(OK)한다.

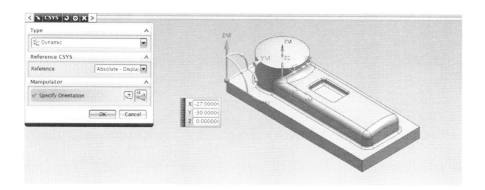

③ 가공원점(XM, YM, ZM)이 이동된 것을 볼 수 있으며, Mill Orient 대화상자에서 확인(OK)한다.

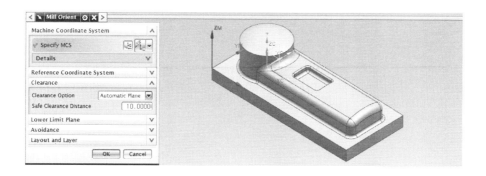

TIP XC, YC, ZC의 좌표는 상단의 🔲🔣 으로 On/Off할 수 있다.

3. Work Piece(공작물 설정)

(1) Operation Navigator의 WORKPIECE 선택하고 MB3 버튼을 눌러 Edit를 클릭한다.

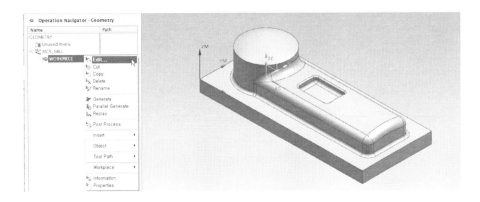

① Mill Geom 대화상자의 Specify Part에서 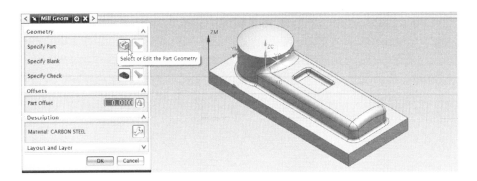를 클릭한다.

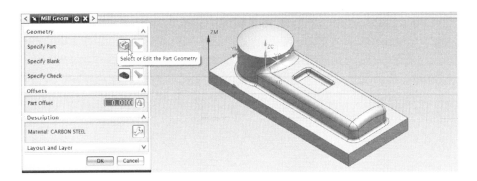

② 솔리드 바디를 선택하고 확인(OK)한다.

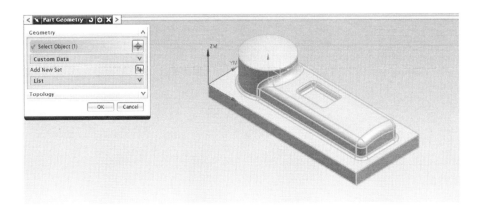

③ Mill Geom 대화상자의 Specify Blank에서 ▣를 클릭한다.

④ Blank Geometry 대화상자가 나타난다.

  - Type : Bounding Block

  - ZM+ : 5

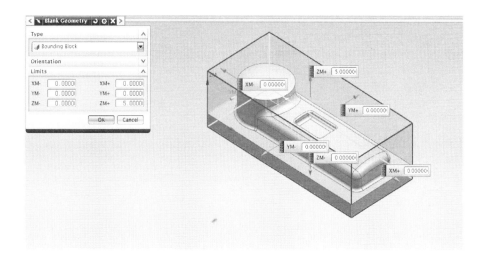

⑤ Mill Geom 대화상자에서 ▣(Display)를 선택하면 가공할 공작물이 화면과 같이 표시된다.

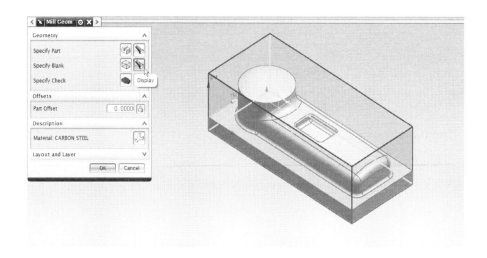

⑥ 확인(OK)하여 Mill Geom을 실행한다.

4. Create Tool(공구 생성)

(1) 황삭 공구 생성

① 상단 아이콘 영역에서 Create Tool()를 선택한다.

② Create Tool 대화상자에서 황삭용 공구 설성

    ⓐ Tool Subtype : ▨ (MILL, 평 엔드밀)

    ⓑ Name : FEM12

    ⓒ 확인(OK)한다.

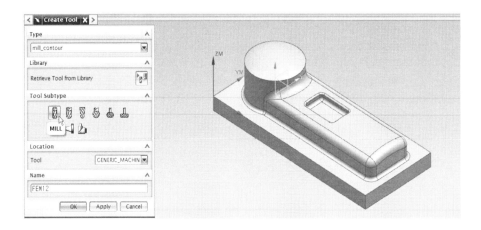

    ⓓ Milling tool-5 Parameters 대화상자가 나타난다.

    ⓔ Diameter(직경) : 12을 입력한다.

    ⓕ Tool Number : 1을 입력한다.

    ⓖ 확인(OK)하여 황삭 공구를 생성한다.

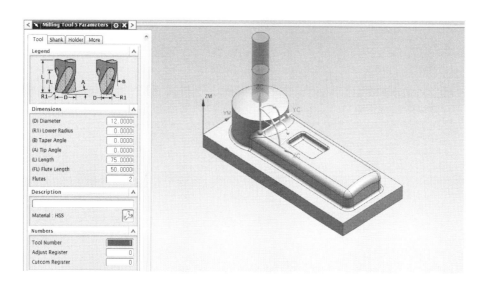

(2) 정삭 공구 생성

① Create Tool 대화상자에서 정삭용 공구 설정

ⓐ Tool Subtype : (BALL_MILL, 볼 엔드밀)

ⓑ Name : BEM6

ⓒ 확인(OK)한다.

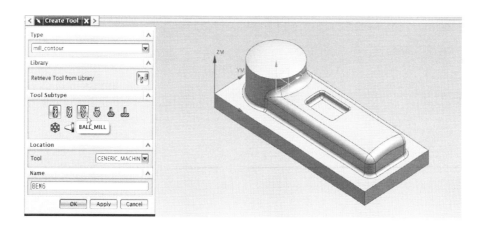

ⓓ Milling tool-Ball Mill 대화상자가 나타난다.

ⓔ Diameter(직경) : 6을 입력한다.

ⓕ Tool Number : 2을 입력한다.

ⓖ 확인(OK)하여 정삭 공구를 생성한다.

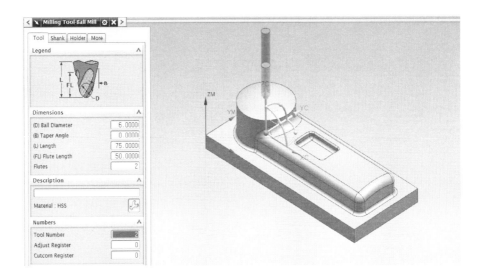

(3) 잔삭 공구 생성

① Create Tool 대화상자에서 잔삭용 공구 설정

ⓐ Tool Subtype : (BALL_MILL, 볼 엔드밀)

ⓑ Name : BEM4

ⓒ 확인(OK)한다.

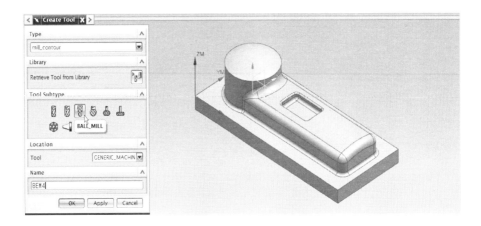

ⓓ Milling tool-Ball Mill 대화상자가 나타난다.

ⓔ Diameter(직경) : 4을 입력한다.

ⓕ Tool Number : 3을 입력한다.

ⓖ 확인(OK)하여 잔삭 공구를 생성한다.

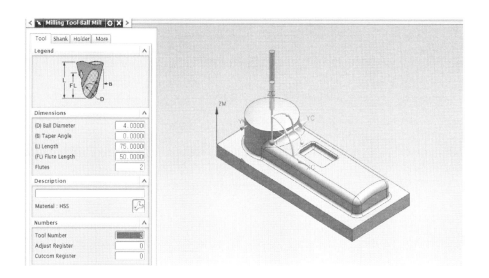

5. Create Operation

(1) 황삭 가공하기(Cavity Mill)

① 상단 아이콘 영역에서 Create Operation을 클릭한다.

② Create Operation(오퍼레이션 생성)을 설정한다.

ⓐ Type(유형) : mill_contour

ⓑ Operation Subtype(오퍼레이션 하위유형) : 🔧 (CAVITY_MILL)

ⓒ Program(프로그램) : NC_PROGRAM

ⓓ Tool(공구) : FEM12

ⓔ Geometry(지오메트리) : MCS_MILL

ⓕ Method(방법) : MILL_ROUGH

ⓖ Name(이름) : CAVITY_MILL

ⓗ 확인(OK)한다.

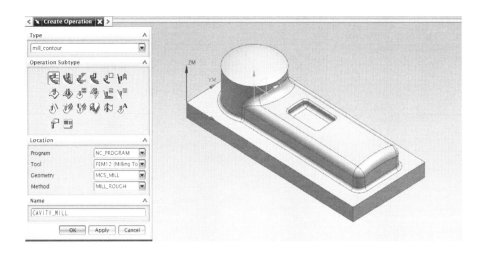

TIP MILL_CONTOUR 황삭가공 Operation 하위유형

• CAVITY MILL( ) : 주로 황삭을 위한 평면가공에서 여러 가지 절삭패턴을 사용하여 공작물을 절삭하는 데 사용한다.

• PLUNGE_MILLING( ) : 깊은 구멍 등을 가공할 때 공구가 Z축 방향으로 상하로 이동하며 가공하는 공구경로를 생성한다.

• CORNER_ROUGH( ) : Follow Part 가공패턴을 이용하여 황삭가공에 필요한 윤곽부위에 대한 가공경로를 생성한다.

• REST_MILLING( ) : IPW를 기반으로 하여 이전공구가 절삭하지 못한 영역을 가공한다.

• ZLEVEL_PROFILE( ) : Part 또는 Cut Area에서 Contour 가공 패턴을 이용하여 가공할 수 있는 Z축 LEVEL 평삭을 할 수 있다.

• ZLEVEL_CORNER( ) : 공구지름과 가공물 코너 반지름으로 인해 이전에 사용한 공구로 가공하지 못한 부분을 가공할 때 사용한다.

③ Cavity Mill 대화상자에서 Geometry는 Workpiece로 설정한다.

④ Cavity Mill 대화상자에서 Path Setting(경로 설정값) 적용하기

ⓐ Method(방법) : MILL_ROUGH

ⓑ Cut Pattern(절삭 패턴) : Zig-Zag(지그재그)

ⓒ Stepover(스텝오버) : Constance(상수)

ⓓ Maximum Distance(거리) : 4

ⓔ Common Depth per Cut : Constance(상수)

ⓕ Maximum Distance(거리) : 4

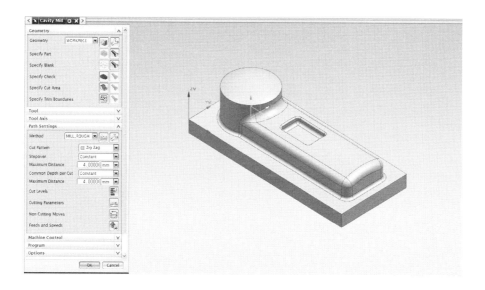

TIP Cut Pattern(절삭패턴)의 종류

• 🔲 Follow Part (파트 따르기) : 가공물 형상을 따라 지정한 값으로 offset 이동하면서 공구 경로를 생성한다.

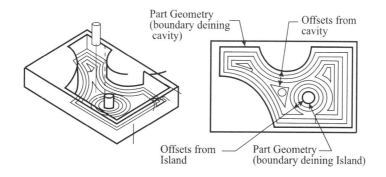

• 🔲 Follow Periphery (외곽 따르기) : Part에서 공구의 안쪽과 바깥쪽으로 방향을 정의하여 중심이 같은 공구경로를 생성한다.

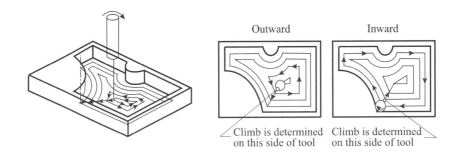

- ⚏ Profile (윤곽 프로파일) : 가공물의 측벽을 따라 공구경로를 생성한다. Additional(추가 패스)를 사용할 경우에는 지정한 수만큼 공구경로를 추가로 생성하게 된다.

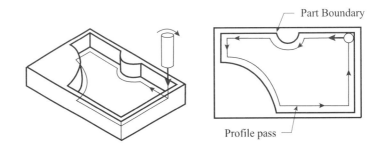

- ⚏ Trochoidal (트로코이드): 공구 안전성을 살리기 위해 지정된 절삭 조건을 초과하지 않도록 자동으로 공구부하를 관리하며, 높은 절삭효율을 유지하는 고속 황삭가공이다. step over, path width 값을 지정하여 부드러운 코너, 스텝 오버 및 진입은 빠르게 하고 절삭 이송은 안전한 절삭조건으로 할 수 있다.

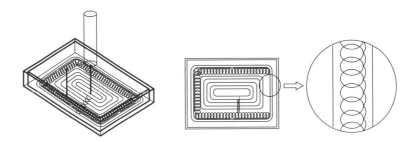

- ⚏ Zig (지그) : 항상 지정한 한 방향으로 절삭가공을 수행하며, 공구는 절삭이송이 끝나면 Z축으로 후퇴한 후 다음 절삭개시 위치로 이동한다.

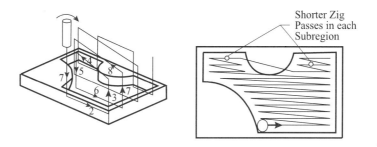

- 름 Zig Zag (지그재그) : 공구가 지정한 방향으로 왕복하며 절삭이송을 하면서 절삭가공을 수행한다.

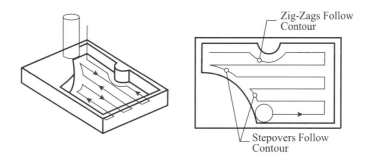

- ↳ Zig with Contour (윤곽이 있는 지그) : 공구가 지정한 방향으로 한 방향 절삭을 수행한다. 경계윤곽을 가공하기 위한 경로가 절삭이송 전후에 추가되어 step over사이를 가공한다.

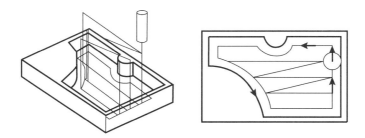

TIP Step over(이송간격)의 지정

공구의 절삭경로 사이의 이송간격을 정의하는 데 사용한다.

- Constant(일정) : 공구의 이송경로 사이의 간격을 일정한 값으로 지정하여 사용한다.

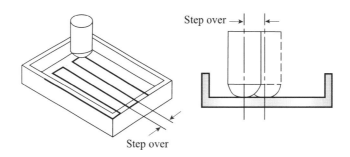

- Scallop(스캘럽) : 공구가 가공경로를 통해 가공하고 남은 부분의 높이를 지정하여 경로사이의 간격을 정의할 때 사용한다.

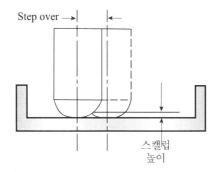

- % Tool Flat(공구지름비율) : 공구지름에 대한 비율로 이송간격을 지정할 때 사용한다.

⑤ Cutting Parameter(절삭 매개변수, 🖶)를 클릭한다.

ⓐ Strategy(전략)을 선택하여 Cut Order를 Depth First로 설정한다.

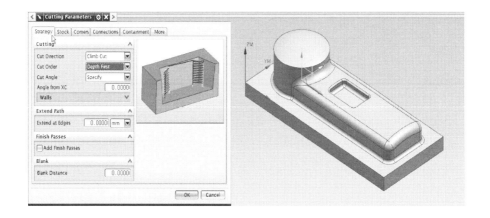

ⓑ Stock을 선택하여 Part Side Stock을 0.5로 입력하고 확인(OK)한다.

205

4-1 CAM 따라하기-1

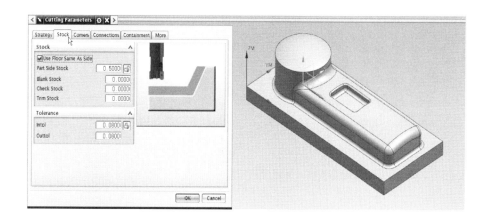

⑥ Non Cutting Moves(비절삭 이동, ▨)을 클릭한다.

ⓐ Transfer/Rapid(급속이송)을 선택하여 Clearance Option을 Automatic plane으로 설
정하고 Safe Clearance Distance를 50으로 입력한다.

ⓑ Non Cutting Moves를 확인(OK)한다.

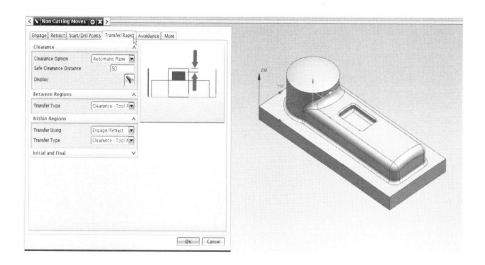

⑦ Feeds and Speeds(이송 및 속도, ▥)를 클릭한다.

ⓐ Spindle Speed(스핀들 회전속도)를 800으로 입력한다.

ⓑ Feed Rates의 Cut를 80으로 입력한다.

ⓒ 확인(OK)한다.

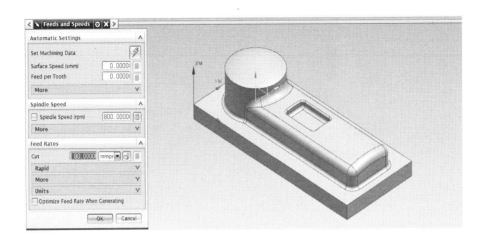

⑧ Generate(생성,)을 클릭하면 화면에 생성된 가공경로가 나타난다.

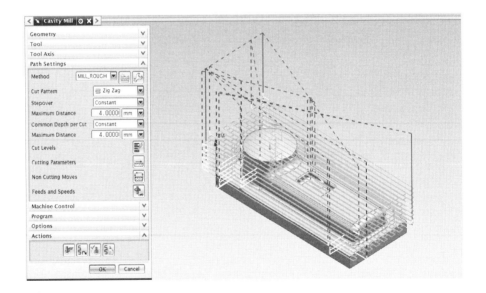

⑨ Verify(검증,)을 클릭한다.

- Tool Path Visualization 대화상자에서 3D Dynamic 를 선택하고 ▶(Play)를 클릭하면
화면에서 모의가공을 수행하고, 황삭 가공된 가공물이 표시된다.

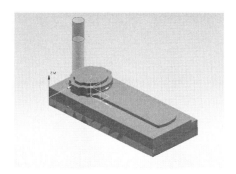 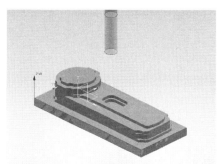

⑩ 확인(OK)한다.

(2) 정삭 가공하기(Contour Area)

① Create Operation(오퍼레이션 생성)을 설정한다.

ⓐ Type(유형) : mill_contour

ⓑ Operation Subtype(오퍼레이션 하위유형) : ◈ (Contour_Area)

ⓒ Program(프로그램) : NC_PROGRAM

ⓓ Tool(공구) : BEM6

ⓔ Geometry(지오메트리) : MCS_MILL

ⓕ Method(방법) : MILL_SEMI_FINISH

ⓖ Name(이름) : CONTOUR_AREA

ⓗ 확인(OK)한다.

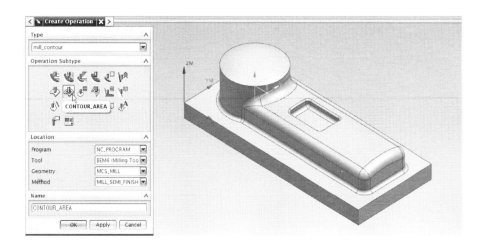

② Contour Area 대화상자에서 Geometry는 Workpiece로 설정한다.

③ Specify Cut Area (🖱)를 클릭한다.

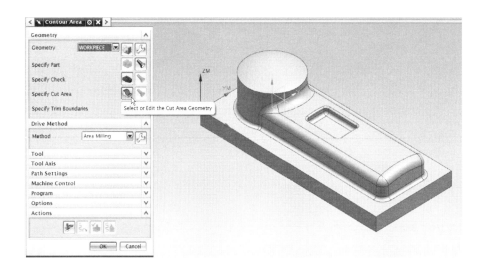

ⓐ Cut Area 대화상자에서 모델링 물체의 윗면을 모두 지정한다.

ⓑ Cut Area 대화상자에서 확인(OK)한다.

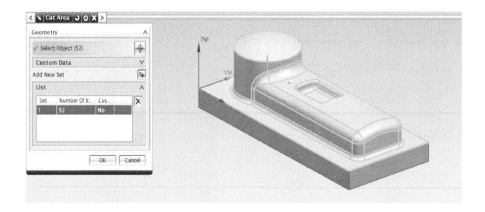

ⓒ Contour_Area의 Edit(편집, 🖉)을 클릭하고 다음과 같이 설정한다.

  - Cut Pattern(절삭 유형) : Zig-Zag(지그재그)

  - Cut Direction(절삭 방향) : Climb Cut(하향 절삭)

  - Stepover(스텝오버) : Constance(상수)

  - Maximum Distance(거리) : 0.5

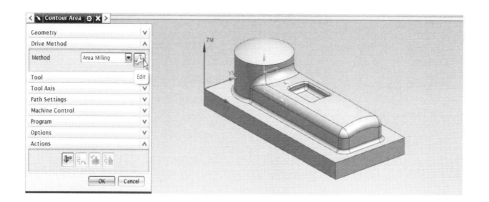

- Stepover Applied : On Plane
- Cut Angle : Automatic

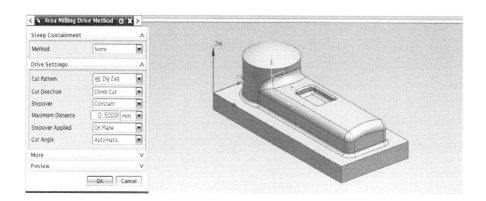

- 확인(OK)한다.

TIP MILL_CONTOUR 정삭가공 Operation 하위유형

• FIXED_CONTOUR( ) : Curve/Point, Boundary 등과 같은 여러 가지 Drive Method와 Cut Pattern을 사용하여 절삭영역의 윤곽가공을 할 수 있는 공구경로를 생성한다.

• CONTOUR_AREA( ) : 가공할 면을 선택하여 공구경로를 생성한다.

• CONTOUR_SURFACE_AREA( ) : 가공할 면의 U, V방향으로 공구경로를 생성한다.

• STREAMLINE( ) : 자동/사용자 정의 방식에 따라 flow curve 및 cross curve를 따라 가공면을 절삭하는 공구경로를 생성한다.

• CONTOUR_AREA_NON_STEEP( ) : CONTOUR_AREA와 유사하지만, 급경사가 아닌 영역만을 가공하는 공구경로를 생성한다.

- • CONTOUR_AREA_DIR_STEEP( ) : 주로 특정각도에 의해 미삭량이 많이 발생할 경우 절삭방향을 기준으로 특정각도 이상인 영역을 가공하는 공구경로를 생성한다.

④ Non Cutting Moves(비절삭 이동,)을 클릭한다.

  ⓐ Transfer/Rapid(급속이송)을 선택하여 Clearance Option을 Automatic plane으로 설정하고 Safe Clearance Distance를 50으로 입력한다.

  ⓑ Non Cutting Moves를 확인(OK)한다.

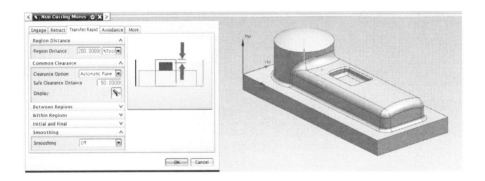

⑤ Feeds and Speeds(이송 및 속도,)를 클릭한다.

  ⓐ Spindle Speed(스핀들 회전속도)를 1200으로 입력한다.

  ⓑ Feed Rates의 Cut를 160으로 입력한다.

  ⓒ 확인(OK)한다.

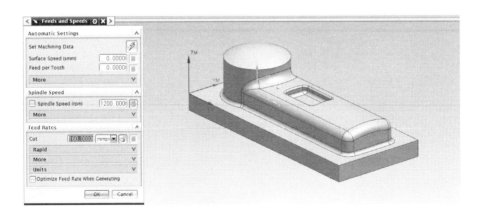

⑥ Generate(생성,)을 클릭하면 화면에 생성된 가공경로가 나타난다.

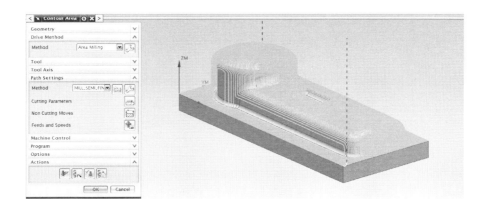

⑦ Verify(검증, ◱)을 클릭한다.

- Tool Path Visualization 대화상자에서 ▢3D Dynamic를 선택하고 ▶(Play)를 클릭하면 화면에서 모의가공을 수행하고, 정삭 가공된 가공물이 표시된다.

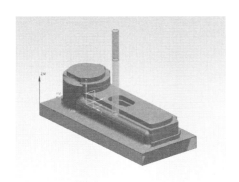 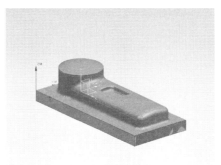

⑧ 확인(▢ OK ▢)한다.

(3) 잔삭 가공하기(Flowcut_Single)

① Create Operation(오퍼레이션 생성)을 설정한다.

ⓐ Type(유형) : mill_contour

ⓑ Operation Subtype(오퍼레이션 하위유형) : ▨ (FLOWCUT_SINGLE)

ⓒ Program(프로그램) : NC_PROGRAM

ⓓ Tool(공구) : BEM4

ⓔ Geometry(지오메트리) : MCS_MILL

ⓕ Method(방법) : MILL_FINISH

ⓖ Name(이름) : FLOWCUT_SINGLE

ⓗ 확인(OK)한다.

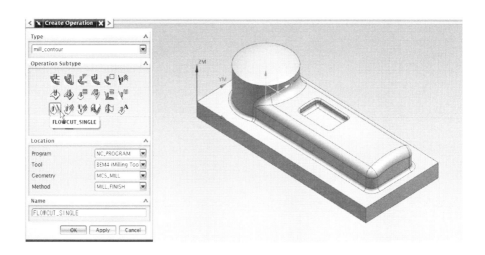

TIP MILL_CONTOUR 잔삭가공 Operation 하위유형

- FLOWCUT_SINGLE( ) : 내측 골이나 모서리 블렌드 부분 등을 잔삭가공 하기 위한 공구경
  로를 생성하며 Pencil Data이다.

- FLOWCUT_MULTIPLE( ) : 내측 골이나 모서리 블렌드 부분 등을 잔삭가공 하기 위한
  Pencil Data를 offset하여 여러 개의 가공경로를 생성한다.

- FLOWCUT_REF_TOOL( ) : 이전의 사용공구에서 가공하지 못한 골이나 모서리 블렌드 영
  역을 가공하기 위한 공구경로를 생성한다.

- SOLID_PROFILE_3D( ) : Solid 바디를 이용하여 측벽이 있는 3차원 형상을 절삭하기 위한
  공구경로를 생성한다.

- PROFILE_3D( ) : 3차원상의 곡선이나 모서리를 이용한 경계에 따라 상승된 공구경로 또
  는 모서리를 따라 가공하는 공구경로를 생성한다.

- CONTOUR_TEXT( ) : 작업좌표계(WCS)상에서 작성된 TEXT를 법선방향의 곡면에 가공하
  는 공구경로를 생성한다.

- MILL_USER( ) : NX Open 프로그램을 이용한 Operation을 생성한다.

- MILL_CONTROL( ) : Machine Control을 사용한 Operation을 생성한다.

② Flowcut Single 대화상자에서 Geometry는 Workpiece로 설정한다.

③ Non Cutting Moves(비절삭 이동, ▦)을 클릭한다.

   ⓐ Transfer/Rapid(급속이송)을 선택하여 Clearance Option을 Automatic plane으로 설정하고 Safe Clearance Distance를 50으로 입력한다.

   ⓑ Non Cutting Moves를 확인(OK)한다.

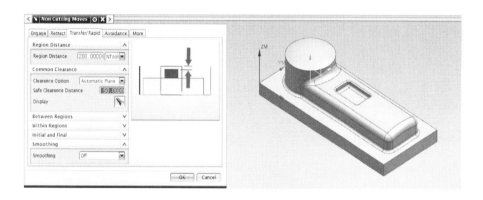

④ Feeds and Speeds(이송 및 속도, ▦)를 클릭한다.

   ⓐ Spindle Speed(스핀들 회전속도)를 1200으로 입력한다.

   ⓑ Feed Rates의 Cut를 160으로 입력한다.

   ⓒ 확인(OK)한다.

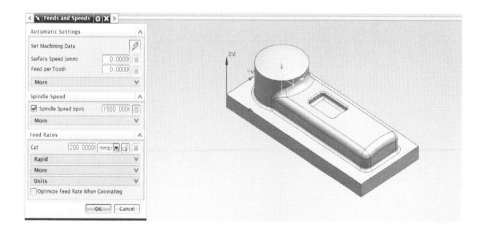

⑤ Generate(생성, ▦)을 클릭하면 화면에 생성된 가공경로가 나타난다.

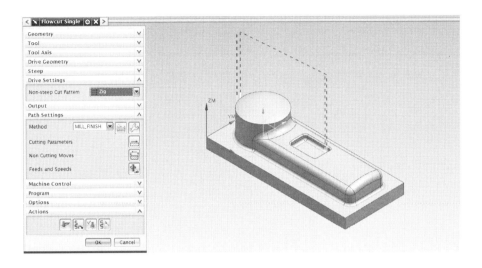

⑥ Verify(검증, 🔳)을 클릭한다.

- Tool Path Visualization대화상자에서 3D Dynamic 를 선택하고 ▶(Play)를 클릭하면
화면에서 모의가공을 수행하고, 잔삭 가공된 가공물이 표시된다.

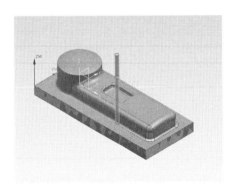 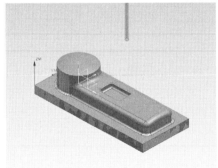

⑦ 확인(OK)한다.

6. NC Data 생성하기

(1) 황삭 가공 Post Process

① Operation Navigator(오퍼레이션 탐색기)에서 CAVITY_MILL를 선택하고 MB3 버튼
을 클릭하고 Post Process(포스트 프로세스)를 선택한다.

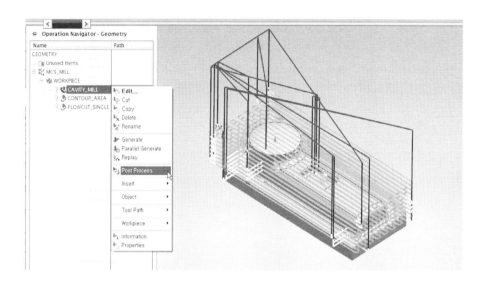

② Post Process(포스트 프로세스) 적용하기

    ⓐ Post Process : MILL_3_AXIS - 3축 머시닝센터를 이용한다.

    ⓑ Out Put File(출력 파일) : 저장할 폴더의 위치와 파일이름(*.nc)을 지정한다.

    ⓒ Units(단위) : Metric/PART(미터식/파트)로 선택한다.

③ 확인(OK)한다.

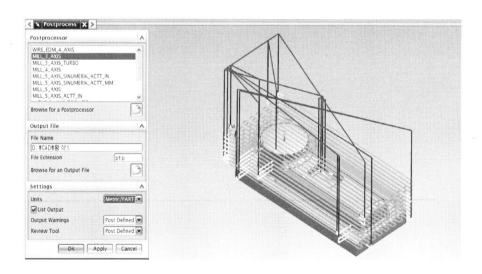

④ 확인(OK)한다.

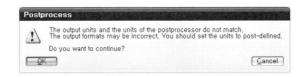

⑤ Information 대화상자에 NC 프로그램이 나타난다.

```
N0010 G40 G17 G90 G70
N0020 G91 G28 Z0.0
:0030 T01 M06
N0040 G0 G90 X-11.8312 Y61.9961 S800 M03
N0050 G43 Z83. H00
N0060 Z32.25
N0070 G1 Z29.25 F80. M08
N0080 X-5.6568
N0090 X145.6568
N0100 G2 X145.9954 Y60.1828 I-5.6547 J-1.994
N0110 G1 Y57.9966
N0120 X-5.9954
N0130 Y53.9971
N0140 X145.9954
N0150 Y49.9976
N0160 X-5.9954
N0170 Y45.998
N0180 X145.9954
N0190 Y41.9985
N0200 X-5.9954
N0210 Y37.999
N0220 X145.9954
N0230 Y33.9995
N0240 X-5.9954
N0250 Y30.
N0260 X145.9954
```

(2) 황삭, 정삭, 잔삭 가공 Post Process

황삭, 정삭, 잔삭 가공을 한 번에 순서대로 가공하기 위한 NC Data를 생성할 수 있다.

① Operation Navigator(오퍼레이션 탐색기)에서 WORKPIECE를 선택하고 MB3 버튼을 클릭하고 Post Process(포스트 프로세스)를 선택한다.

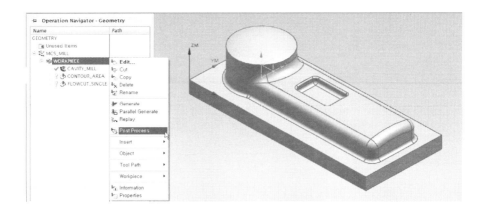

② Post Process(포스트 프로세스) 적용하기

ⓐ Post Process : MILL_3_AXIS - 3축 머시닝센터를 이용한다.

ⓑ Out Put File(출력 파일) : 저장할 폴더의 위치와 파일이름(*.nc)을 지정한다.

ⓒ Units(단위) : Metric/PART(미터식/파트)로 선택한다.

③ 확인(OK)한다.

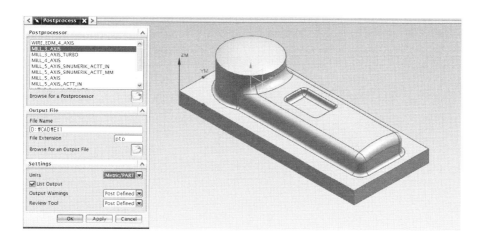

④ 확인(OK)한다.

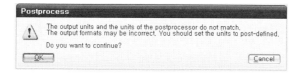

⑤ Information 대화상자에 NC 프로그램이 나타난다.

```
i Information
File  Edit
*
N0010 G40 G17 G90 G70
N0020 G91 G28 Z0.0
:0030 T01 M06
N0040 T02
N0050 G0 G90 X-11.8312 Y61.9961 S800 M03
N0060 G43 Z83. H00
N0070 Z32.25
N0080 G1 Z29.25 F80. M08
N0090 X-5.6568
N0100 X145.6568
N0110 G2 X145.9954 Y60.1828 I-5.6547 J-1.994
N0120 G1 Y57.9966
N0130 X-5.9954
N0140 Y53.9971
N0150 X145.9954
N0160 Y49.9976
N0170 X-5.9954
N0180 Y45.998
N0190 X145.9954
N0200 Y41.9985
N0210 X-5.9954
N0220 Y37.999
N0230 X145.9954
N0240 Y33.9995
N0250 X-5.9954
N0260 Y30.
```

⑥ NC 프로그램 일부를 다음과 같이 수정한다.

[수정 전 NC 프로그램]

```
%
N0010 G40 G17 G90 G70
N0020 G91 G28 Z0.0
:0030 T01 M06
N0040 T02
N0050 G0 G90 X-11.8312 Y61.9961 S800
M03
N0060 G43 Z83. H00
N0070 Z32.25
N0080 G1 Z29.25 F80. M08
N0090 X-5.6568
N0100 X145.6568
N0110 G2 X145.9954 Y60.1828 I-5.6547
J-1.994
N0120 G1 Y57.9966
   .
   .
   .
```

[수정 후 NC 프로그램]

```
%
N0010 G40 G17 G90 G70
N0020 G91 G28 Z0.0
N0030 T01 M06
N0040 G90 G92 X . Y . Z .
N0050 G0 G90 X-11.8312 Y61.9961 S800
M03
N0060 G43 Z83. H01
N0070 Z32.25
N0080 G1 Z29.25 F80. M08
N0090 X-5.6568
N0100 X145.6568
N0110 G2 X145.9954 Y60.1828 I-5.6547
J-1.994
N0120 G1 Y57.9966
   .
   .
   .
```

⑦ 수정된 NC 프로그램의 확장명을 *.NC의 형식으로 저장한다.

4-2 CAM 따라하기-2

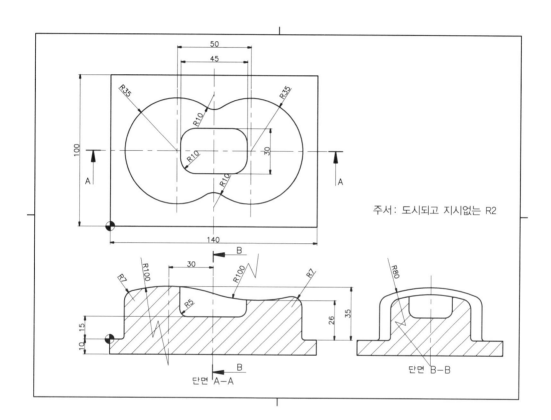

주서 : 도시되고 지시없는 R2

단면 A-A

단면 B-B

절삭지시서

| 공구
번호 | 작업
내용 | 파일명 | 공구조건 | | tool path
간격
(mm) | 절삭조건 | | | | 비고 |
			종류	직경		회전수 (rpm)	이송 (mm/min)	절입량 (mm)	가공 잔량 (mm)	
1	황삭	황삭.NC	BEM	12	4	1000	100	4	0.5	
2	정삭	정삭.NC	BEM	6	0.5	1200	150	-	-	
3	잔삭	잔삭.NC	BEM	4	-	1500	200	-	-	펜슬 가공

요구사항

- 기계가공 원점(0.0, 0.0, 0.0) 기호는 ◕ 로 한다.
- 평 엔드밀은 FEM(Flat END Mill), 볼 엔드밀은 BEM(Ball End Mill)으로 표기한다.
- 반드시 도면에 표시된 기계가공 원점을 기준으로 NC Data를 생성한다.
- NC Data생성 후 T코드, M코드 등은 NC 절삭지시서에 맞도록 반드시 NC Data를 수정한다.
- 공작물을 고정하는 베이스(바닥에서 10 mm 높이) 윗부분만 NC Data생성한다.
- 황삭 가공에서 Z방향의 공구 시작 높이는 공작물 표면으로부터 10 mm 정도로 한다.
- 공구번호, 작업내용, 공구조건, tool path 간격, 절삭조건 등은 반드시 NC 절삭지시서의 주어진 요구 조건에 따른다.
- 안전 높이는 기계가공 원점에서 100 mm 정도로 한다.

1. Manufacturing 시작하기

(1) NX를 실행하고 Open(열기)을 클릭하여 모델링한 파트파일을 불러온다.

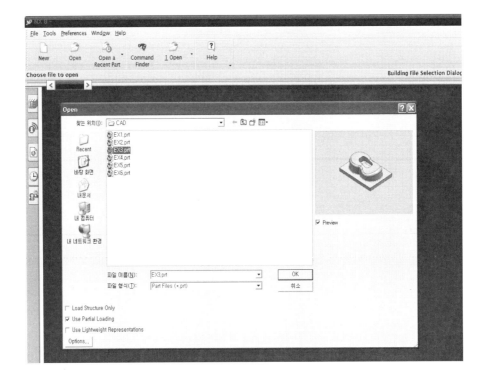

(2) Start(시작) → Manufacturing을 클릭하여 CAM 환경으로 들어간다.

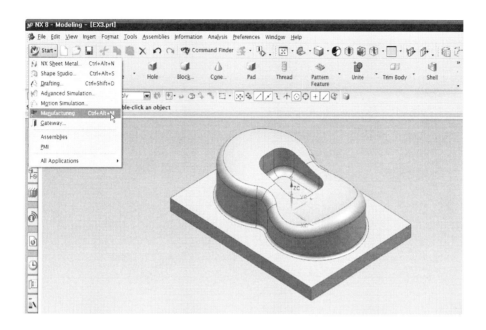

(3) Machining Environment(가공환경)설정

① CAM Session Configuration : cam_general

② CAM Setup to Create : mill_contour

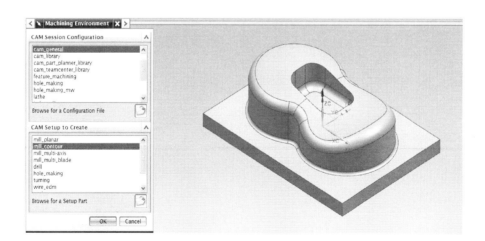

2. MCS Mill(기계좌표계 설정)

(1) Operation Navigator에서 마우스의 오른쪽 버튼을 누르고 나타나는 대화상자에서 Geometry View를 클릭한다.

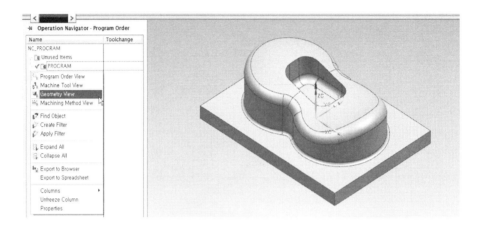

(2) Operation Navigator에 MCS_MILL이 나타난다.

(3) MCS_MILL를 선택하고 MB3 버튼을 누르고 나타나는 대화상자에서 Edit를 클릭한다.

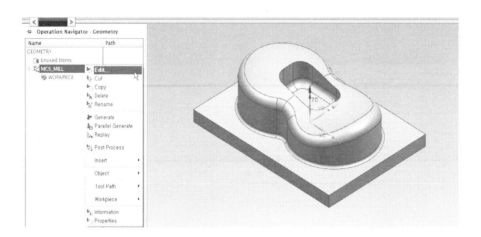

(4) Mill Orient 대화상자가 나타난다.

　① Specify MCS(MCS지정)의 CSYS Dialog(▣)를 클릭한다.

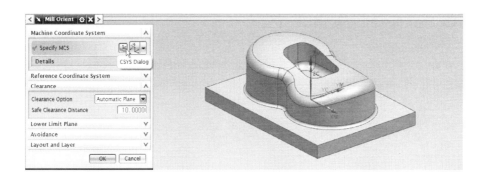

② CSYS 대화상자가 나타나면 프로그램 원점이 될 지점을 선택하고 확인(OK)한다.

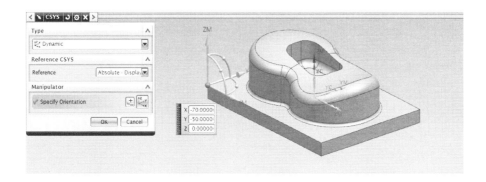

③ 가공원점(XM, YM, ZM)이 이동된 것을 볼 수 있으며, Mill Orient 대화상자에서 확
  인(OK)한다.

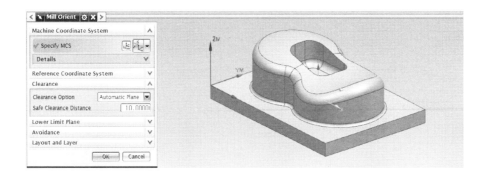

TIP XC, YC, ZC의 좌표는 상단의   으로 On/Off할 수 있다.

3. Work Piece(공작물 설정)

(1) Operation Navigator의 WORKPIECE 선택하고 MB3 버튼을 눌러 Edit를 클릭한다.

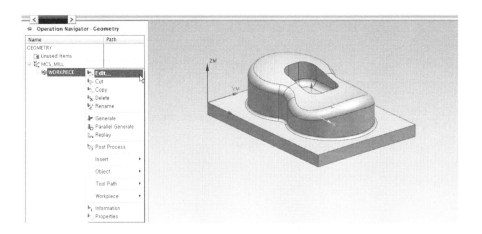

① Mill Geom 대화상자의 Specify Part에서 ⬛를 클릭한다.

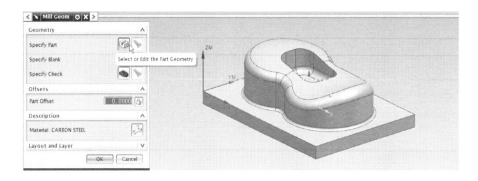

② 솔리드 바디를 선택하고 확인(OK)한다.

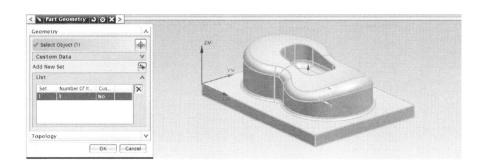

③ Mill Geom 대화상자의 Specify Blank에서 ⬡를 클릭한다.

④ Blank Geometry 대화상자가 나타난다.

  - Type : Bounding Block

  - ZM+ : 5

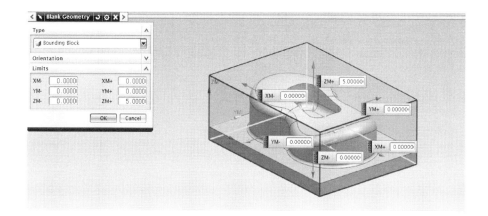

⑤ Mill Geom 대화상자에서 🖱(Display)를 선택하면 가공할 공작물이 화면과 같이 표시된다.

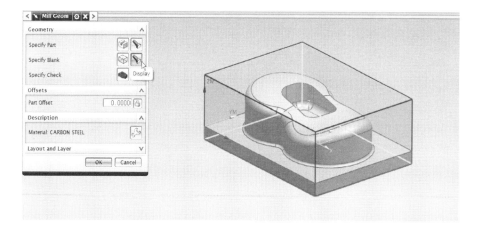

⑥ 확인(OK)하여 Mill Geom을 실행한다.

4. Create Tool(공구 생성)

(1) 황삭 공구 생성

① 상단 아이콘 영역에서 Create Tool(🖉)를 선택한다.

② Create Tool 대화상자에서 황삭용 공구 설정

    ⓐ Tool Subtype : 🖉 (BALL_MILL, 볼 엔드밀)

    ⓑ Name : BEM12

    ⓒ 확인(OK)한다.

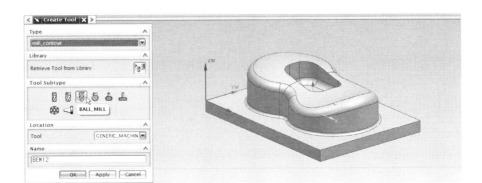

    ⓓ Milling tool-Ball Mill 대화상사가 나타난다.

    ⓔ Diameter(직경) : 12을 입력한다.

    ⓕ Tool Number : 1을 입력한다.

    ⓖ 확인(OK)하여 황삭 공구를 생성한다.

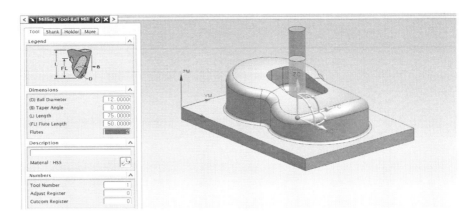

(2) 정삭 공구 생성

① Create Tool 대화상자에서 정삭용 공구 설정

ⓐ Tool Subtype : (BALL_MILL, 볼 엔드밀)

ⓑ Name : BEM6

ⓒ 확인(OK)한다.

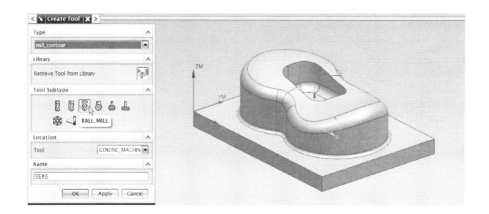

ⓓ Milling tool-Ball Mill 대화상자가 나타난다.

ⓔ Diameter(직경) : 6을 입력한다.

ⓕ Tool Number : 2을 입력한다.

ⓖ 확인(OK)하여 정삭 공구를 생성한다.

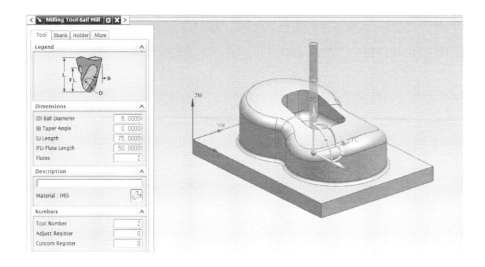

(3) 잔삭 공구 생성

① Create Tool 대화상자에서 잔삭용 공구 설정

ⓐ Tool Subtype : ▓ (BALL_MILL, 볼 엔드밀)

ⓑ Name : BEM4

ⓒ 확인(OK)한다.

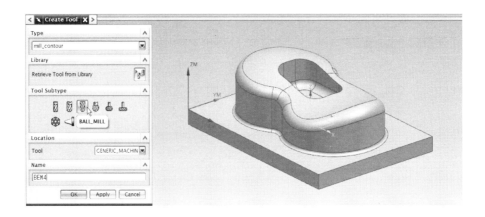

ⓓ Milling tool-Ball Mill 대화상자가 나타난다.

ⓔ Diameter(직경) : 4을 입력한다.

ⓕ Tool Number : 3을 입력한다.

ⓖ 확인(OK)하여 잔삭 공구를 생성한다.

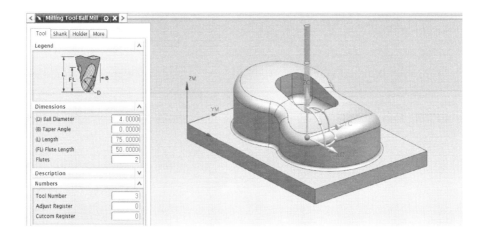

5. Create Operation

(1) 황삭 가공하기(Cavity Mill)

① 상단 아이콘 영역에서 Create Operation(   )을 클릭한다.

② Create Operation(오퍼레이션 생성)을 설정한다.

   ⓐ Type(유형) : mill_contour

   ⓑ Operation Subtype(오퍼레이션 하위유형) :   (CAVITY_MILL)

   ⓒ Program(프로그램) : NC_PROGRAM

   ⓓ Tool(공구) : BEM12

   ⓔ Geometry(지오메트리) : MCS_MILL

   ⓕ Method(방법) : MILL_ROUGH

   ⓖ Name(이름) : CAVITY_MILL

   ⓗ 확인(OK   )한다.

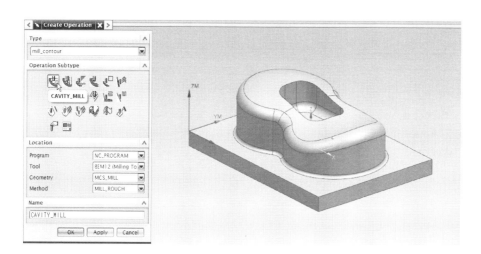

③ Cavity Mill 대화상자에서 Geometry는 Workpiece로 설정한다.

④ Cavity Mill 대화상자에서 Path Setting(경로 설정값) 적용하기

   ⓐ Method(방법) : MILL_ROUGH

   ⓑ Cut Pattern(절삭 패턴) : Follow Part(파트 따르기)

   ⓒ Stepover(스텝오버) : Constance(상수)

ⓓ Maximum Distance(거리) : 4

ⓔ Common Depth per Cut : Constance(상수)

ⓕ Maximum Distance(거리) : 5

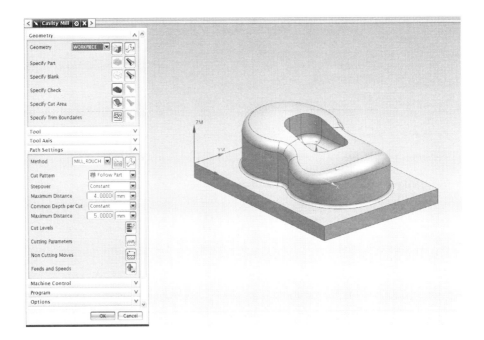

⑤ Cutting Parameter(절삭 매개변수, 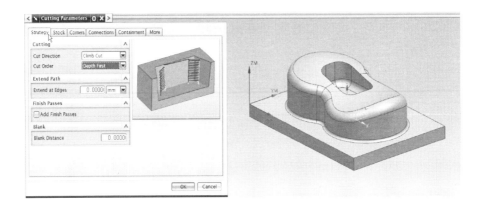)를 클릭한다.

ⓐ Strategy(전략)을 선택하여 Cut Order를 Depth First로 설정한다.

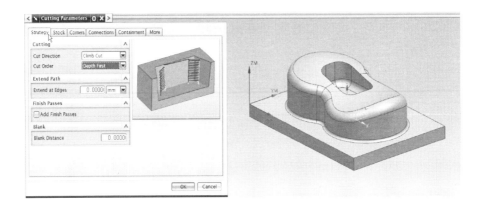

ⓑ Stock을 선택하여 Part Side Stock을 0.5로 입력하고 확인(OK)한다.

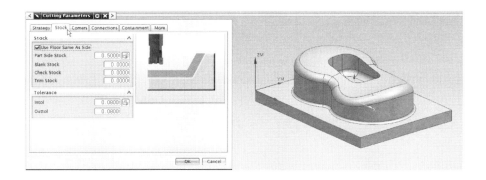

⑥ Non Cutting Moves(비절삭 이동, 🔲)을 클릭한다.

ⓐ Transfer/Rapid(급속이송)을 선택하여 Clearance Option을 Plane(평면)으로 설정한다.

ⓑ Specify Plane(평면지정)의 🔲을 클릭한다.

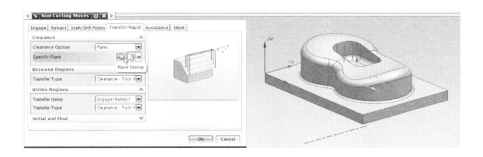

ⓒ Type에서 🔲 At Distance 을 선택한다.

ⓓ Planer Reference의 Select Planer Object에서 X-Y평면을 선택한다.

ⓔ Distance를 100으로 입력한다.

ⓕ Plane 대화상자에서 확인(OK)한다.

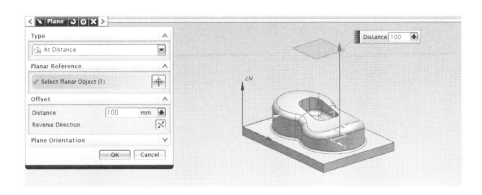

ⓖ Non Cutting Moves를 확인(OK)한다.

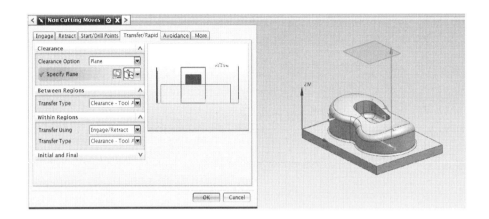

⑦ Feeds and Speeds(이송 및 속도, 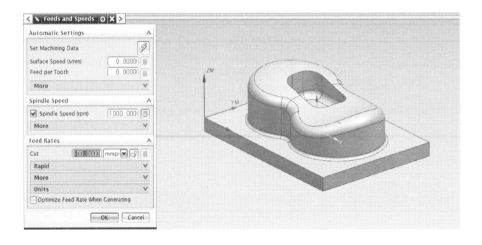)를 클릭한다.

ⓐ Spindle Speed(스핀들 회전속도)를 1000으로 입력한다.

ⓑ Feed Rates의 Cut를 100으로 입력한다.

ⓒ 확인(OK)한다.

⑧ Generate(생성,)을 클릭하면 화면에 생성된 가공경로가 나타난다.

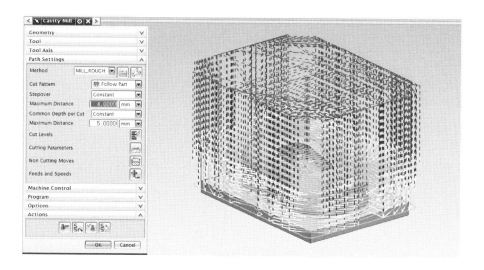

⑨ Verify(검증, 🔍)을 클릭한다.

- Tool Path Visualization 대화상자에서 3D Dynamic 를 선택하고 ▶(Play)를 클릭하면
화면에서 모의가공을 수행하고, 황삭 가공된 가공물이 표시된다.

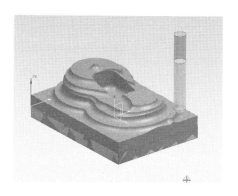
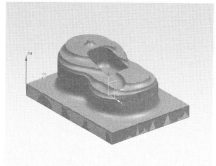

⑩ 확인(OK)한다.

(2) 정삭 가공하기(Contour Area)

① Create Operation(오퍼레이션 생성)을 설정한다.

ⓐ Type(유형) : mill_contour

ⓑ Operation Subtype(오퍼레이션 하위유형) : ⬇ (Fixed_Contour)

ⓒ Program(프로그램) : NC_PROGRAM

ⓓ Tool(공구) : BEM6

ⓔ Geometry(지오메트리) : MCS_MILL

ⓕ Method(방법) : MILL_SEMI_FINISH

ⓖ Name(이름) : FIXED_CONTOUR

ⓗ 확인(OK)한다.

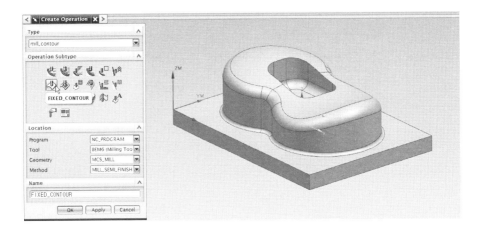

② Fixed Contour 대화상자에서 Geometry는 Workpiece로 설정한다.

③ Drive Method에서 Edit(⟳)를 클릭한다.

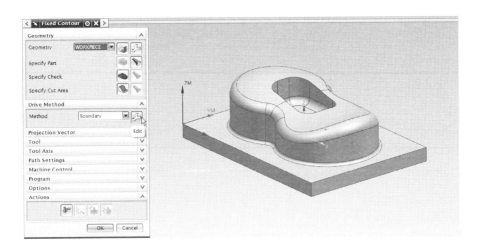

ⓐ Boundary Drive Method 대화상자에서 Drive Geometry의 Specify Drive Geometry
에서 ▦를 클릭한다.

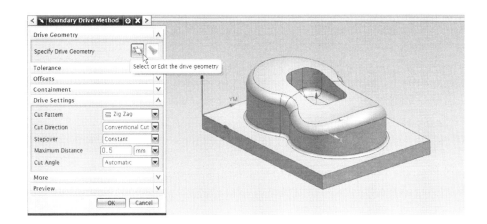

ⓑ Boundary Geometry 대화상자에서 Curve/Edge를 선택한다.

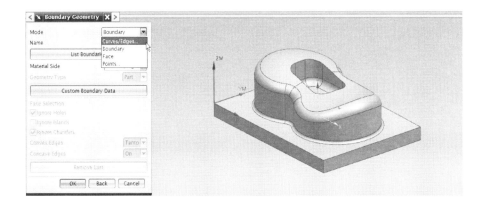

ⓒ Create Boundary 대화상자에서 Tool Position을 ON으로 하고, 가공물의 X-Y평면
   의 모서리를 선택해주고 확인(OK)한다.

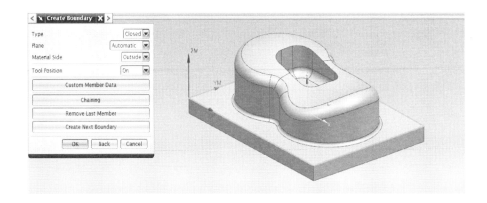

ⓓ Boundary Geometry 대화상자에서 확인(<u>OK</u>)한다.

ⓔ Boundary Drive Method 대화상자에서

　- Cut Pattern(절삭 유형) : Zig-Zag(지그재그)

　- Cut Direction(절삭 방향) : Conventional Cut

　- Stepover(스텝오버) : Constance(상수)

　- Maximum Distance(거리) : 0.5

　- Cut Angle : Automatic

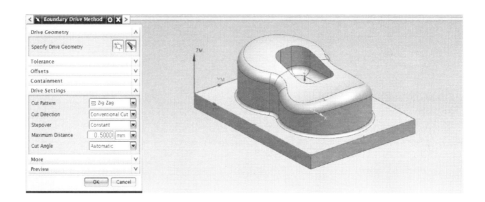

ⓕ Boundary Drive Method 대화상자에서 확인(<u>OK</u>)한다.

④ Generate(생성, ⬚)을 클릭하면 화면에 생성된 가공경로가 나타난다.

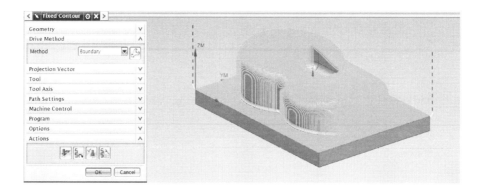

⑤ Verify(검증, ⬚)을 클릭한다.

　- Tool Path Visualization 대화상자에서 <u>3D Dynamic</u>를 선택하고 ▶(Play)를 클릭하면
　　화면에서 모의가공을 수행하고, 정삭 가공된 가공물이 표시된다.

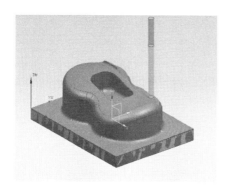

⑥ 확인(OK)한다.

(3) 잔삭 가공하기(Flowcut_Single)

① Create Operation(오퍼레이션 생성)을 설정한다.

ⓐ Type(유형) : mill_contour

ⓑ Operation Subtype(오퍼레이션 하위유형) : (FLOWCUT_SINGLE)

ⓒ Program(프로그램) : NC_PROGRAM

ⓓ Tool(공구) : BEM4

ⓔ Geometry(지오메트리) : MCS_MILL

ⓕ Method(방법) : MILL_FINISH

ⓖ Name(이름) : FLOWCUT_SINGLE

ⓗ 확인(OK)한다.

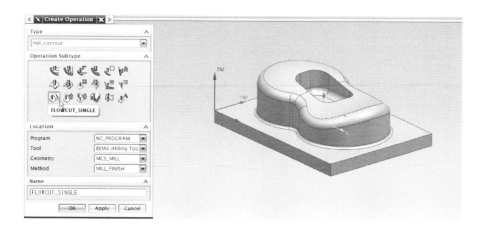

② Flowcut Single 대화상자에서 Geometry는 Workpiece로 설정한다.

③ Non Cutting Moves(비절삭 이동, 🖾)을 클릭한다.

   ⓐ Transfer/Rapid(급속이송)을 선택하여 Clearance Option을 Automatic plane으로 설
      정하고 Safe Clearance Distance를 50으로 입력한다.

   ⓑ Non Cutting Moves를 확인(OK)한다.

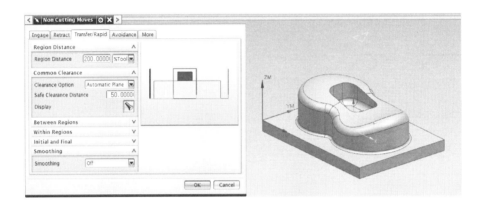

④ Feeds and Speeds(이송 및 속도, 🖳)를 클릭한다.

   ⓐ Spindle Speed(스핀들 회전속도)를 1500으로 입력한다.

   ⓑ Feed Rates의 Cut를 200으로 입력한다.

   ⓒ 확인(OK)한다.

⑤ Generate(생성, 🖻)을 클릭하면 화면에 생성된 가공경로가 나타난다.

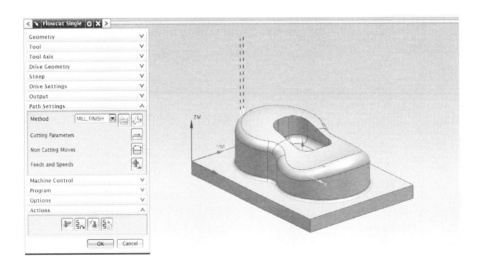

⑥ Verify(검증,)을 클릭한다.

- Tool Path Visualization 대화상자에서 3D Dynamic 를 선택하고 ▶(Play)를 클릭하면 화면에서 모의가공을 수행하고, 잔삭 가공된 가공물이 표시된다.

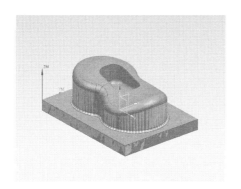
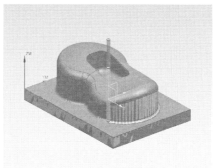

⑦ 확인(OK)한다.

6. NC Data 생성하기

(1) 황삭 가공 Post Process

① Operation Navigator(오퍼레이션 탐색기)에서 CAVITY_MILL를 선택하고 MB3 버튼을 클릭하고 Post Process(포스트 프로세스)를 선택한다.

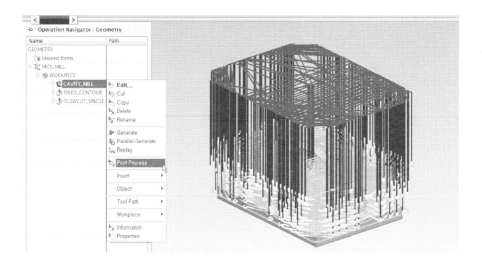

② Post Process(포스트 프로세스) 적용하기

ⓐ Post Process : MILL_3_AXIS - 3축 머시닝센터를 이용한다.

ⓑ Out Put File(출력 파일) : 저장할 폴더의 위치와 파일이름(*.nc)을 지정한다.

ⓒ Units(단위) : Metric/PART(미터식/파트)로 선택한다.

③ 확인(OK)한다.

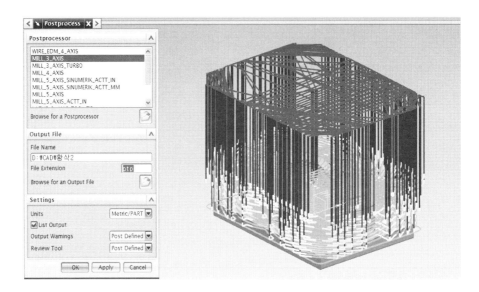

④ 확인(OK)한다.

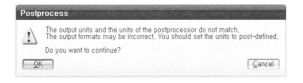

⑤ Information 대화상자에 NC 프로그램이 나타난다.

```
i Information                                                    _ □ X
File  Edit
%
N0010 G40 G17 G90 G70
N0020 G91 G28 Z0.0
:0030 T01 M06
N0040 G0 G90 X139.1943 Y111.8479 S1000 M03
N0050 G43 Z100. H00
N0060 Z38.1
N0070 G1 Z35.1 F100. M08
N0080 X142.7837 Y105.1824
N0090 G2 X145.8428 Y99.0801 I-102.6392 J-55.2721
N0100 G1 X151.8428 Y86.1821
N0110 Z38.1
N0120 G0 Z100.
N0130 X134.4034 Y111.8479
N0140 Z38.1
N0150 G1 Z35.1
N0160 X137.8389 Y105.8479
N0170 G2 X145.8428 Y88.6539 I-97.6944 J-55.9375
N0180 G1 X151.8428 Y72.2849
N0190 Z38.1
N0200 G0 Z100.
N0210 X129.5948 Y111.8479
N0220 Z38.1
N0230 G1 Z35.1
N0240 X133.2014 Y105.8479
N0250 G2 X145.8428 Y74.7389 I-93.0569 J-55.9375
N0260 G1 X147.2149 Y68.8979
```

(2) 황삭, 정삭, 잔삭 가공 Post Process

황삭, 정삭, 잔삭가공을 한 번에 순서대로 가공하기 위한 NC Data를 생성할 수 있다.

① Operation Navigator(오퍼레이션 탐색기)에서 WORKPIECE를 선택하고 MB3 버튼을 클릭하고 Post Process(포스트 프로세스)를 선택한다.

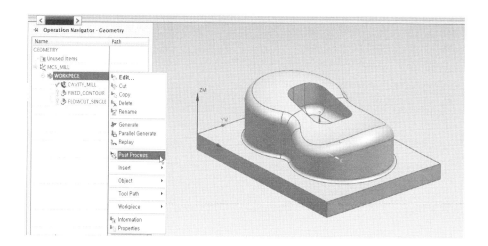

② Post Process(포스트 프로세스) 적용하기

ⓐ Post Process : MILL_3_AXIS - 3축 머시닝센터를 이용한다.

ⓑ Out Put File(출력 파일) : 저장할 폴더의 위치와 파일이름(*.nc)을 지정한다.

ⓒ Units(단위) : Metric/PART(미터식/파트)로 선택한다.

③ 확인(OK)한다.

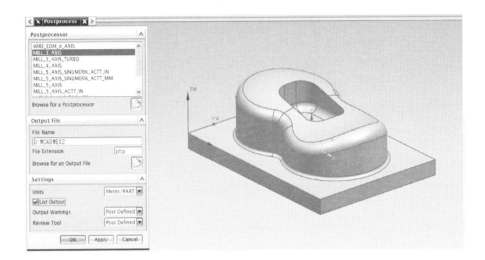

④ 확인(OK)한다.

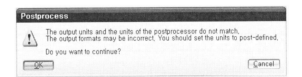

⑤ Information 대화상자에 NC 프로그램이 나타난다.

```
i Information
 File  Edit
%
N0010 G40 G17 G90 G70
N0020 G91 G28 Z0.0
:0030 T01 M06
N0040 T02
N0050 G0 G90 X139.1943 Y111.8479 S1000 M03
N0060 G43 Z100. H00
N0070 Z38.1
N0080 G1 Z35.1 F100. M08
N0090 X142.7837 Y105.1824
N0100 C2 X145.8428 Y99.0801 I-102.6392 J-55.2721
N0110 G1 X151.8428 Y86.1821
N0120 Z38.1
N0130 G0 Z100.
N0140 X134.4034 Y111.8479
N0150 Z38.1
N0160 G1 Z35.1
N0170 X137.8389 Y105.8479
N0180 G2 X145.8428 Y88.6539 I-97.6944 J-55.9375
N0190 G1 X151.8428 Y72.2849
N0200 Z38.1
N0210 G0 Z100.
N0220 X129.5948 Y111.8479
N0230 Z38.1
N0240 G1 Z35.1
N0250 X133.2014 Y105.8479
N0260 G2 X145.8428 Y74.7389 I-93.0569 J-55.9375
```

⑥ NC 프로그램 일부를 다음과 같이 수정한다.

<table>
<tr><td align="center">[수정 전 NC 프로그램]</td><td align="center">[수정 후 NC 프로그램]</td></tr>
<tr><td valign="top">

%
N0010 G40 G17 G90 G70
N0020 G91 G28 Z0.0
:0030 T01 M06
N0040 T02
N0050 G0 G90 X139.1943 Y111.8479 S1000 M03
N0060 G43 Z100. H00
N0070 Z38.1
N0080 G1 Z35.1 F100. M08
N0090 X142.7837 Y105.1824
N0100 G2 X145.8428 Y99.0801 I-102.6392 J-55.2721
N0110 G1 X151.8428 Y86.1821
N0120 Z38.1
.
.
.

</td><td valign="top">

%
N0010 G40 G17 G90 G70
N0020 G91 G28 Z0.0
N0030 T01 M06
N0040 G90 G92 X_. Y_. Z_.
N0050 G0 G90 X139.1943 Y111.8479 S1000 M03
N0060 G43 Z100. H01
N0070 Z38.1
N0080 G1 Z35.1 F100. M08
N0090 X142.7837 Y105.1824
N0100 G2 X145.8428 Y99.0801 I-102.6392 J-55.2721
N0110 G1 X151.8428 Y86.1821
N0120 Z38.1
.
.
.

</td></tr>
</table>

⑦ 수정된 NC 프로그램의 확장명을 *.NC의 형식으로 저장한다.

4-3   CAM 따라하기-3

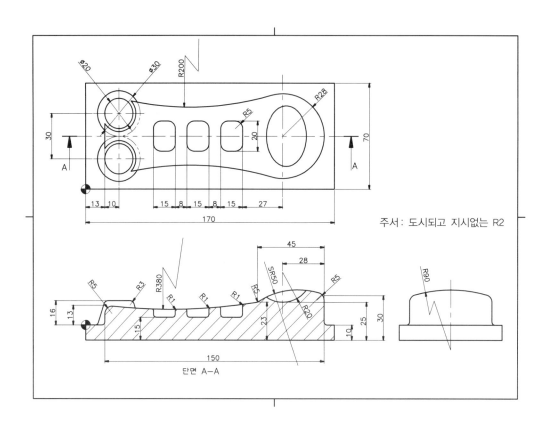

주서 : 도시되고 지시없는 R2

단면 A—A

절삭지시서

공구 번호	작업 내용	파일명	공구조건		tool path 간격 (mm)	절삭조건				비고
			종류	직경		회전수 (rpm)	이송 (mm/min)	절입량 (mm)	가공 잔량 (mm)	
1	황삭	황삭.NC	BEM	10	4	1000	80	5	0.5	
2	정삭	정삭.NC	BEM	6	0.5	1200	160	-	-	
3	잔삭	잔삭.NC	BEM	4	-	1600	200	-	-	펜슬 가공

요구사항

- 기계가공 원점(0.0, 0.0, 0.0) 기호는 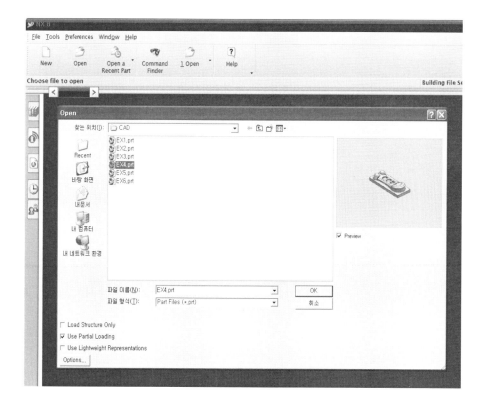 로 한다.
- 평 엔드밀은 FEM(Flat END Mill), 볼 엔드밀은 BEM(Ball End Mill)으로 표기한다.
- 반드시 도면에 표시된 기계가공 원점을 기준으로 NC Data를 생성한다.
- NC Data생성 후 T코드, M코드 등은 NC 절삭지시서에 맞도록 반드시 NC Data를 수정한다.
- 공작물을 고정하는 베이스(바닥에서 10 mm 높이) 윗부분만 NC Data 생성한다.
- 황삭 가공에서 Z방향의 공구 시작 높이는 공작물 표면으로부터 10 mm 정도로 한다.
- 공구번호, 작업내용, 공구조건, tool path 간격, 절삭조건 등은 반드시 NC 절삭지시서의 주어진 요구 조건에 따른다.
- 안전 높이는 기계가공 원점에서 100 mm 정도로 한다.

1. Manufacturing 시작하기

(1) NX를 실행하고 Open(열기)을 클릭하여 모델링한 파트파일을 불러온다.

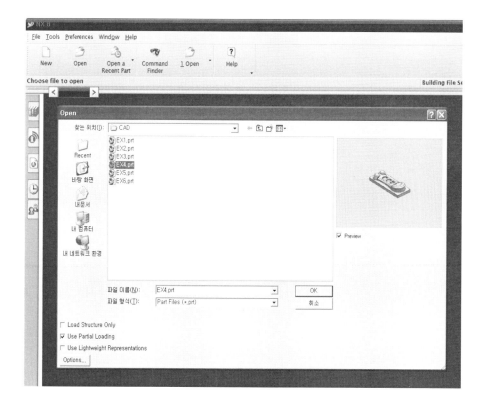

(2) Start(시작) → Manufacturing을 클릭하여 CAM 환경으로 들어간다.

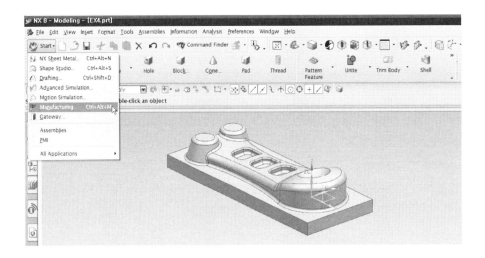

(3) Machining Environment(가공환경)설정

① CAM Session Configuration : cam_general

② CAM Setup to Create : mill_contour

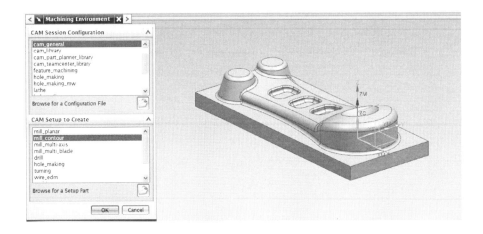

2. MCS Mill(기계좌표계 설정)

(1) 상단 아이콘 영역에서 Create Geometry( )를 선택한다.

(2) Create Geometry 대화상자에서 ⊿를 선택하고 Name을 MCS_1로 입력하고 확인(OK)
한다.

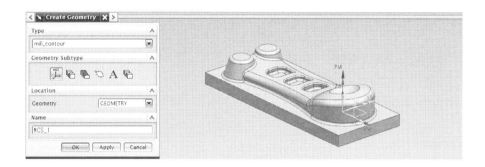

(3) MCS 대화상자가 나타난다.

① Specify MCS (MCS지정)의 CSYS Dialog(⊞)를 클릭한다.

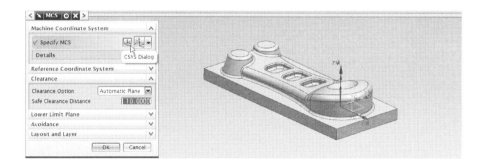

② CSYS 대화상자에서 그림과 같이 가공원점을 지정해 주고 확인(OK)한다.

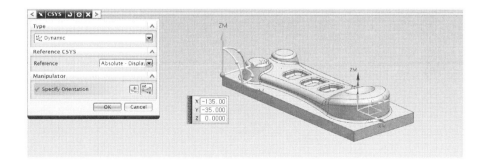

TIP XC, YC, ZC의 좌표는 상단의 ⊞⊞ 으로 On/Off할 수 있다.

3. Work Piece(공작물 설정)

(1) 상단 아이콘 영역에서 Create Geometry( )를 선택한다.

(2) Create Geometry 대화상자에서 Workpiece( )를 선택하고 Geometry는 MCS_1을 선택
하고 Name을 WORKPIECE_1을 지정하고 확인(OK)한다.

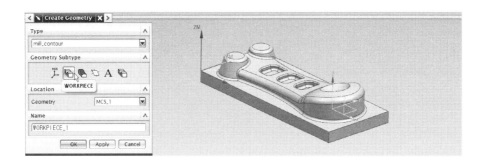

(3) Workpiece 대화상자의 Specify Part에서 를 클릭한다.

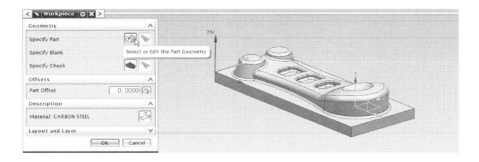

　① Part Geometry에서 솔리드 바디를 선택하고 확인(OK)한다.

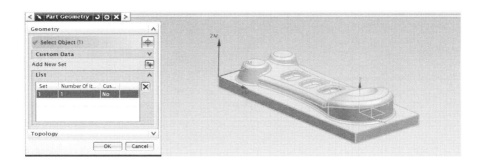

② Workpiece 대화상자의 Specify Part에서 Specify Blank에서 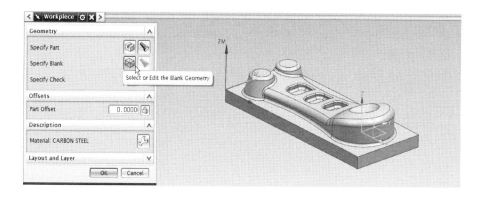를 클릭한다.

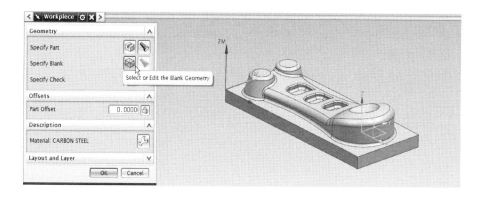

③ Blank Geometry 대화상자가 나타난다.

- Type : Bounding Block

- ZM+ : 5

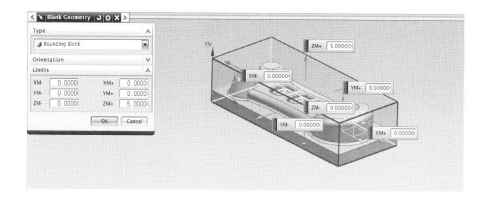

④ Workpiece 대화상자에서 (Display)를 선택하면 가공할 공작물이 화면과 같이 표시된다.

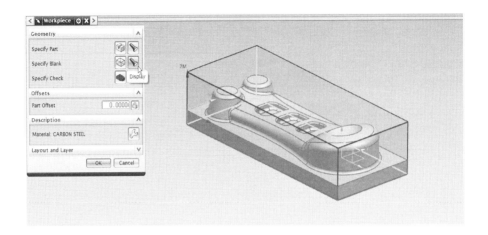

⑤ 확인(OK)하여 Workpiece를 실행한다.

4. Create Tool(공구 생성)

(1) 황삭 공구 생성

① 상단 아이콘 영역에서 Create Tool( ) 를 선택한다.

② Create Tool 대화상자에서 항삭용 공구 설정

ⓐ Tool Subtype : (BALL_MILL, 볼 엔드밀)

ⓑ Name : BEM10

ⓒ 확인(OK)한다.

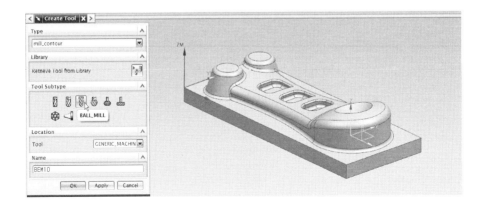

ⓓ Milling tool-Ball Mill 대화상자가 나타난다.

ⓔ Diameter(직경) : 10을 입력한다.

ⓕ Tool Number : 1을 입력한다.

ⓖ 확인(　OK　)하여 황삭 공구를 생성한다.

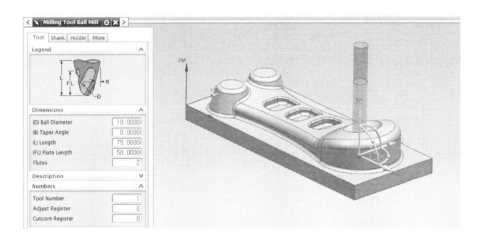

(2) 정삭 공구 생성

① Create Tool 대화상자에서 정삭용 공구 설정

ⓐ Tool Subtype : 🔲 (BALL_MILL, 볼 엔드밀)

ⓑ Name : BEM6

ⓒ 확인(　OK　)한다.

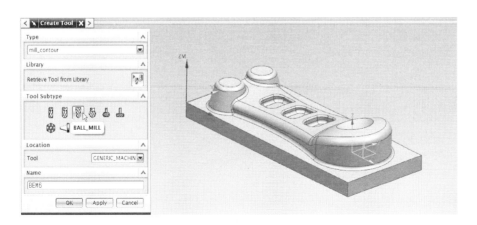

ⓓ Milling tool-Ball Mill 대화상자가 나타난다.

ⓔ Diameter(직경) : 6을 입력한다.

ⓕ Tool Number : 2를 입력한다.

ⓖ 확인(OK)하여 정삭 공구를 생성한다.

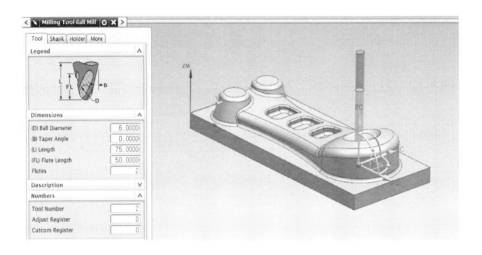

(3) 잔삭 공구 생성

① Create Tool 대화상자에서 잔삭용 공구 설정

ⓐ Tool Subtype : 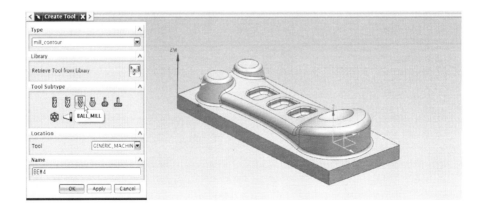 (BALL_MILL, 볼 엔드밀)

ⓑ Name : BEM4

ⓒ 확인(OK)한다.

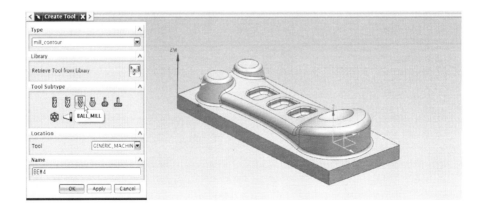

ⓓ Milling tool-Ball Mill 대화상자가 나타난다.

ⓔ Diameter(직경) : 4을 입력한다.

ⓕ Tool Number : 3을 입력한다.

ⓖ 확인(OK)하여 잔삭 공구를 생성한다.

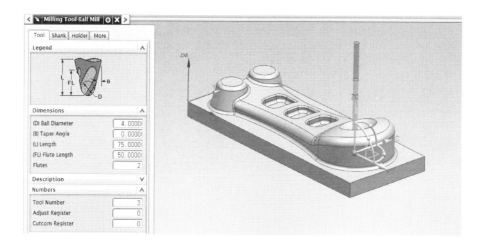

5. Create Operation

(1) 황삭 가공하기(Cavity Mill)

① 상단 아이콘 영역에서 Create Operation(Create Operation)을 클릭한다.

② Create Operation(오퍼레이션 생성)을 설정한다.

　ⓐ Type(유형) : mill_contour

　ⓑ Operation Subtype(오퍼레이션 하위유형) : 🔩 (CAVITY_MILL)

　ⓒ Program(프로그램) : NC_PROGRAM

　ⓓ Tool(공구) : BEM10

　ⓔ Geometry(지오메트리) : MCS_1

　ⓕ Method(방법) : MILL_ROUGH

　ⓖ Name(이름) : CAVITY_MILL

　ⓗ 확인(OK)한다.

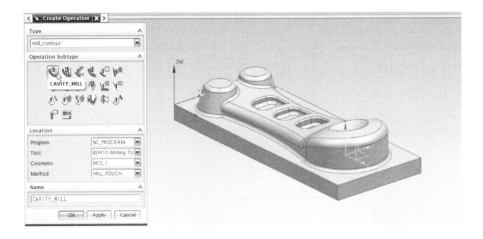

③ Cavity Mill 대화상자에서 Geometry는 WORKPIECE_1으로 설정한다.

④ Cavity Mill 대화상자에서 Path Setting(경로 설정값) 적용하기

    ⓐ Method(방법) : MILL_ROUGH

    ⓑ Cut Pattern(절삭 패턴) : Zig Zag

    ⓒ Stepover(스텝오버) : Constance(상수)

    ⓓ Maximum Distance(거리) : 4

    ⓔ Common Depth per Cut : Constance(상수)

    ⓕ Maximum Distance(거리) : 5

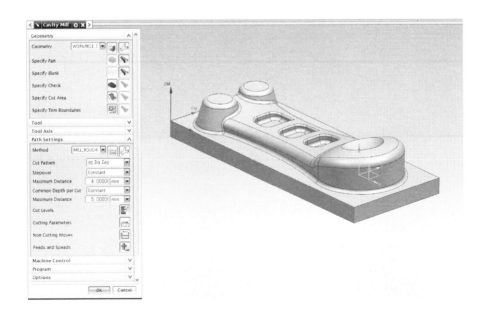

⑤ Cutting Parameter(절삭 매개변수, 🖨)를 클릭한다.

ⓐ Strategy(전략)을 선택하여 Cut Order를 Depth First로 설정한다.

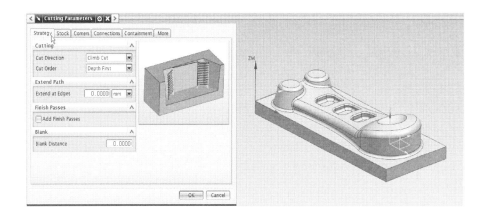

ⓑ Stock을 선택하여 Part Side Stock을 0.5로 입력하고 확인(OK)한다.

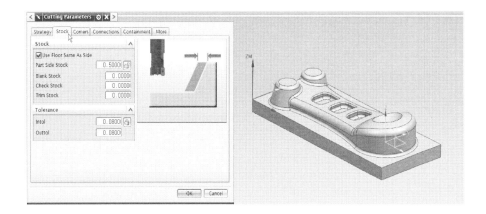

⑥ Non Cutting Moves(비절삭 이동, 🖾)를 클릭한다.

ⓐ Transfer/Rapid(급속이송)을 선택하여 Clearance Option을 Automatic plane으로 설정하고 Safe Clearance Distance를 50으로 입력한다.

ⓑ Non Cutting Moves를 확인(OK)한다.

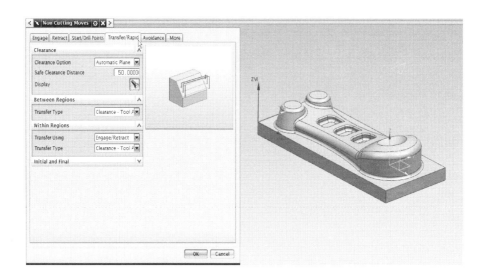

⑦ Feeds and Speeds(이송 및 속도, 🔧)를 클릭한다.

  ⓐ Spindle Speed(스핀들 회전속도)를 1000으로 입력한다.

  ⓑ Feed Rates의 Cut을 80으로 입력한다.

  ⓒ 확인(OK)한다.

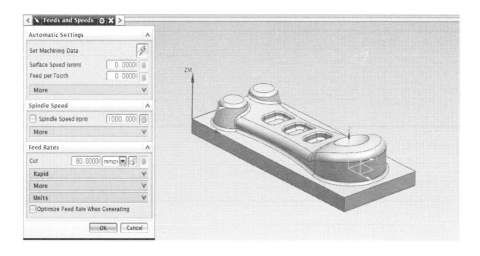

⑧ Generate(생성, 🢒)을 클릭하면 화면에 생성된 가공경로가 나타난다.

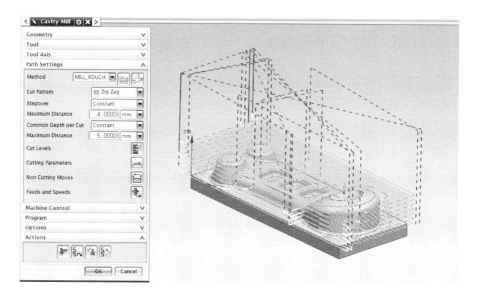

⑨ Verify(검증, 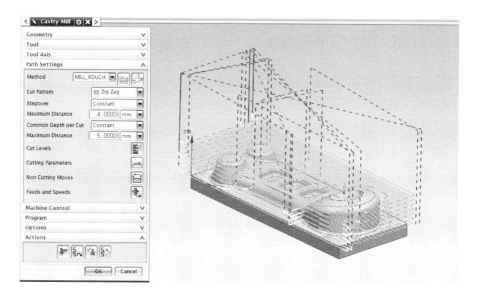)을 클릭한다.

- Tool Path Visualization 대화상자에서 3D Dynamic 를 선택하고 ▶(Play)를 클릭하면
화면에서 모의가공을 수행하고, 황삭 가공된 가공물이 표시된다.

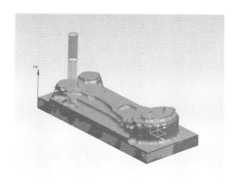
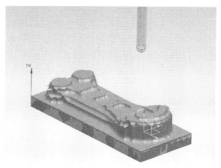

⑩ 확인(OK)한다.

(2) 정삭 가공하기(Contour Area)

① Create Operation(오퍼레이션 생성)을 설정한다.

ⓐ Type(유형) : mill_contour

ⓑ Operation Subtype(오퍼레이션 하위유형) : 🔱 (Fixed_Contour)

ⓒ Program(프로그램) : NC_PROGRAM

ⓓ Tool(공구) : BEM6

ⓔ Geometry(지오메트리) : MCS_1

ⓕ Method(방법) : MILL_SEMI_FINISH

ⓖ Name(이름) : FIXED_CONTOUR

ⓗ 확인(OK)한다.

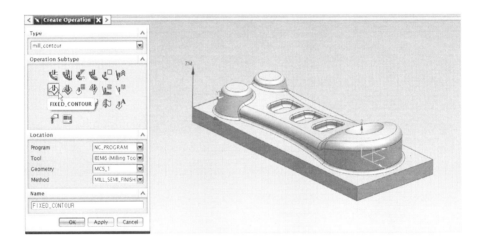

② Fixed Contour 대화상자에서 Geometry는 WORKPIECE_1로 설정한다.

③ Drive Method에서 Boundary Edit( )를 클릭한다.

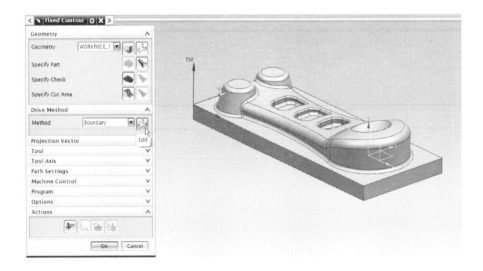

ⓐ Boundary Drive Method 대화상자에서 Drive Geometry의 Specify Drive Geometry
에서 🔲를 클릭한다.

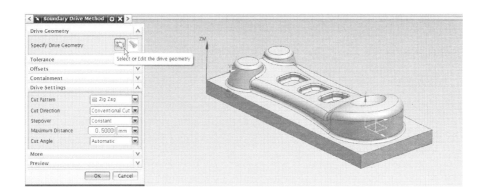

ⓑ Boundary Geometry 대화상자에서 Curve/Edge를 선택한다.

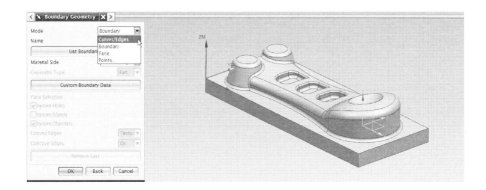

ⓒ Create Boundary 대화상자에서 Tool Position을 ON으로 하고, 가공물의 X-Y평면
의 모서리를 선택해 주고 확인(OK)한다.

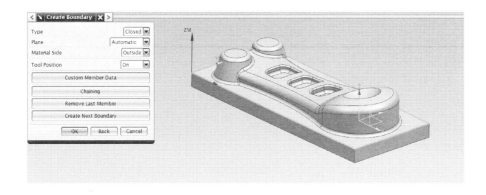

ⓓ Boundary Geometry 대화상자에서 확인(OK)한다.

ⓔ Boundary Drive Method 대화상자에서

   - Cut Pattern(절삭 유형) : Zig-Zag(지그재그)

   - Cut Direction(절삭 방향) : Conventional Cut

   - Stepover(스텝오버) : Constance(상수)

   - Maximum Distance(거리) : 0.5

   - Cut Angle : Automatic

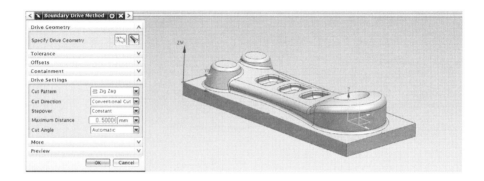

ⓕ Boundary Drive Method 대화상자에서 확인(OK)한다.

④ Generate(생성, ▨)을 클릭하면 화면에 생성된 가공경로가 나타난다.

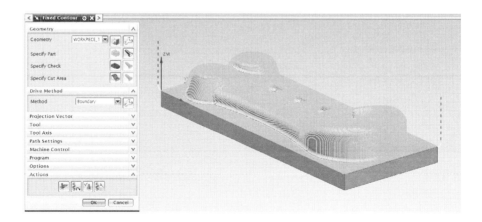

⑤ Verify(검증, ▨)을 클릭한다.

  - Tool Path Visualization 대화상자에서 3D Dynamic 를 선택하고 ▶(Play)를 클릭하면

   화면에서 모의가공을 수행하고, 정삭 가공된 가공물이 표시된다.

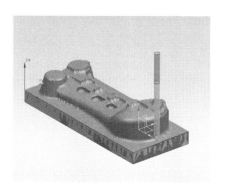

⑥ 확인(OK)한다.

(3) 잔삭 가공하기(Flowcut_Single)

① Create Operation(오퍼레이션 생성)을 설정한다.

ⓐ Type(유형) : mill_contour

ⓑ Operation Subtype(오퍼레이션 하위유형) : 🔳 (FLOWCUT_SINGLE)

ⓒ Program(프로그램) : NC_PROGRAM

ⓓ Tool(공구) : BEM4

ⓔ Geometry(지오메트리) : MCS_1

ⓕ Method(방법) : MILL_FINISH

ⓖ Name(이름) : FLOWCUT_SINGLE

ⓗ 확인(OK)한다.

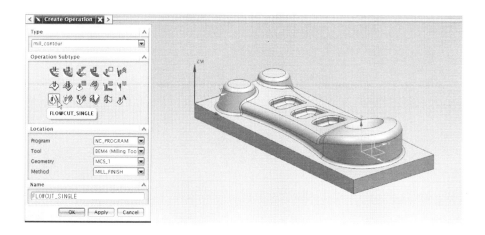

② Flowcut Single 대화상자에서 Geometry는 WORKPIECE_1로 설정한다.

③ Non Cutting Moves(비절삭 이동, 🔳)를 클릭한다.

　ⓐ Transfer/Rapid(급속이송)을 선택하여 Clearance Option을 Automatic plane으로 설
　　정하고 Safe Clearance Distance를 30으로 입력한다.

　ⓑ Non Cutting Moves를 확인(OK)한다.

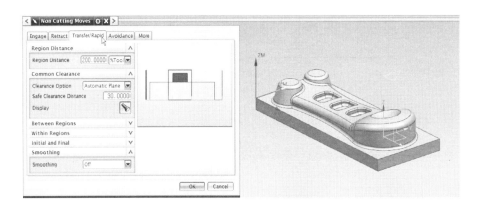

④ Feeds and Speeds(이송 및 속도, 🔳)를 클릭한다.

　ⓐ Spindle Speed(스핀들 회전속도)를 1500으로 입력한다.

　ⓑ Feed Rates의 Cut를 200으로 입력한다.

　ⓒ 확인(OK)한다.

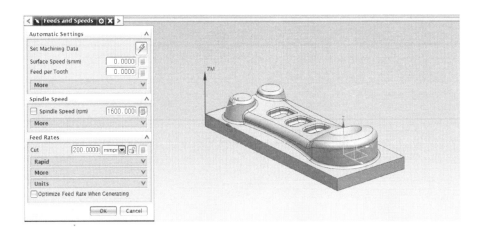

⑤ Generate(생성, 🔳)를 클릭하면 화면에 생성된 가공경로가 나타난다.

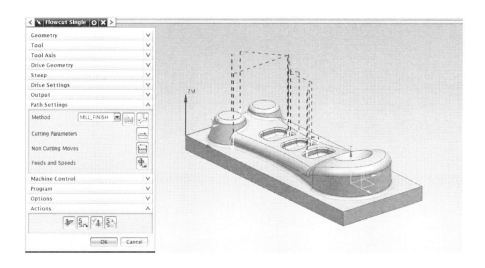

⑥ Verify(검증, 🔳)을 클릭한다.

- Tool Path Visualization 대화상자에서 3D Dynamic 를 선택하고 ▶(Play)를 클릭하면 화면에서 모의가공을 수행하고, 잔삭 가공된 가공물이 표시된다.

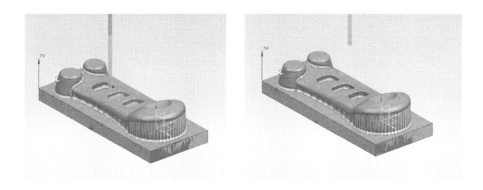

⑦ 확인(OK)한다.

6. NC Data 생성하기

(1) 잔삭 가공 Post Process

① Operation Navigator(오퍼레이션 탐색기)에서 FLOWCUT_SINGLE을 선택하고 MB3 버튼을 클릭하고 Post Process(포스트 프로세스)를 선택한다.

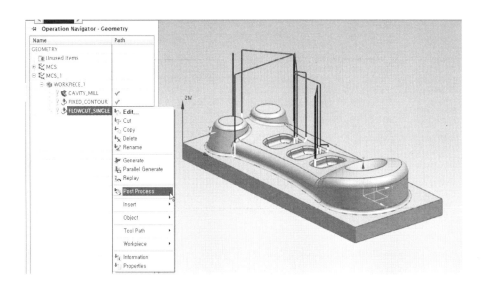

② Post Process(포스트 프로세스) 적용하기

    ⓐ Post Process : MILL_3_AXIS - 3축 머시닝센터를 이용한다.

    ⓑ Out Put File(출력 파일) : 저장할 폴더의 위치와 파일이름(*.nc)을 지정한다.

    ⓒ Units(단위) : Metric/PART(미터식/파트)로 선택한다.

③ 확인(OK)한다.

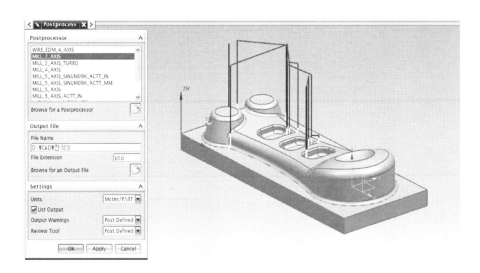

④ 확인(OK)한다.

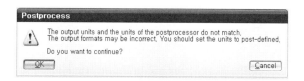

⑤ Information 대화상자에 NC 프로그램이 나타난다.

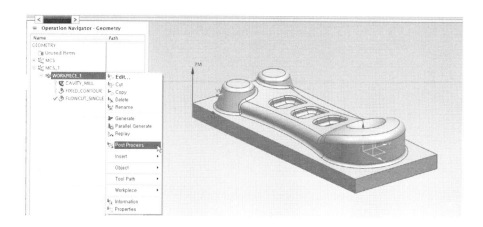

(2) 황삭, 정삭, 잔삭 가공 Post Process

황삭, 정삭, 잔삭 가공을 한 번에 순서대로 가공하기 위한 NC Data를 생성할 수 있다.

① Operation Navigator(오퍼레이션 탐색기)에서 WORKPIECE_1을 선택하고 MB3 버튼을 클릭하고 Post Process(포스트 프로세스)를 선택한다.

② Post Process(포스트 프로세스) 적용하기

   ⓐ Post Process : MILL_3_AXIS - 3축 머시닝센터를 이용한다.

   ⓑ Out Put File(출력 파일) : 저장할 폴더의 위치와 파일이름(*.nc)을 지정한다.

   ⓒ Units(단위) : Metric/PART(미터식/파트)로 선택한다.

③ 확인(OK)한다.

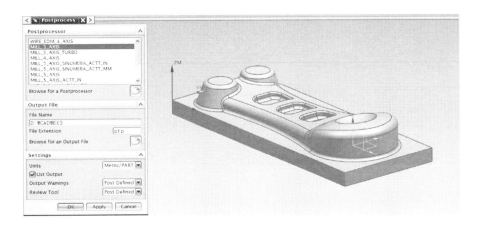

④ 확인(OK)한다.

⑤ Information 대화상자에 NC 프로그램이 나타난다.

```
i Information                                                        _ □ x
File  Edit
%
N0010 G40 G17 G90 G70
N0020 G91 G28 Z0.0
:0030 T01 M06
N0040 T02
N0050 G0 G90 X-9.7622 Y70.8168 S1000 M03
N0060 G43 Z77.4124 H00
N0070 Z26.775
N0080 G1 Z23.775 F80. M08
N0090 X-4.7266
N0100 X174.7266
N0110 G2 X174.7959 Y70.0049 I-4.7223 J-.812
N0120 G1 Y66.8372
N0130 X-4.7959
N0140 Y62.8575
N0150 X174.7959
N0160 Y58.8779
N0170 X-4.7959
N0180 Y54.8982
N0190 X174.7959
N0200 Y50.9186
N0210 X-4.7959
N0220 Y46.9389
N0230 X174.7959
N0240 Y42.9593
N0250 X-4.7959
N0260 Y38.9796
```

⑥ NC 프로그램 일부를 다음과 같이 수정한다.

<table>
<tr><td align="center">[수정 전 NC 프로그램]</td><td align="center">[수정 후 NC 프로그램]</td></tr>
<tr><td>

%
N0010 G40 G17 G90 G70
N0020 G91 G28 Z0.0
:0030 T01 M06
N0040 T02
N0050 G0 G90 X-9.7622 Y70.8168 S1000
M03
N0060 G43 Z77.4124 H00
N0070 Z26.775
N0080 G1 Z23.775 F80. M08
N0090 X-4.7266
N0100 X174.7266
N0110 G2 X174.7959 Y70.0049 I-4.7223
J-.812
N0120 G1 Y66.8372
.
.

</td><td>

%
N0010 G40 G17 G90 G70
N0020 G91 G28 Z0.0
N0030 T01 M06
N0040 G90 G92 X . Y . Z .
N0050 G0 G90 X-9.7622 Y70.8168 S1000
M03
N0060 G43 Z77.4124 H01
N0070 Z26.775
N0080 G1 Z23.775 F80. M08
N0090 X-4.7266
N0100 X174.7266
N0110 G2 X174.7959 Y70.0049 I-4.7223
J-.812
N0120 G1 Y66.8372
.
.

</td></tr>
</table>

⑦ 수정된 NC 프로그램의 확장명을 *.NC의 형식으로 저장한다.

4-4 CAM 따라하기-4

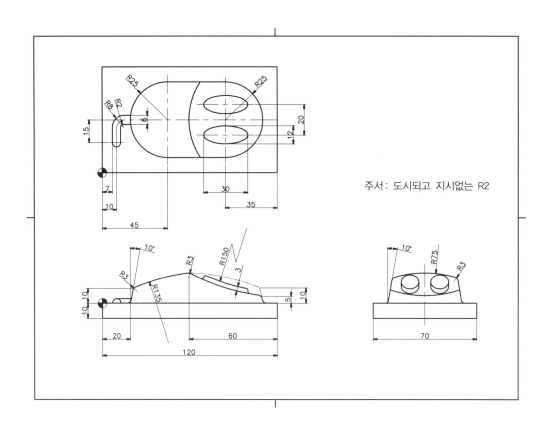

주서 : 도시되고 지시없는 R2

절삭지시서

| 공구
번호 | 작업
내용 | 파일명 | 공구조건 | | tool path
간격
(mm) | 절삭조건 | | | | 비고 |
			종류	직경		회전수 (rpm)	이송 (mm/min)	절입량 (mm)	가공 잔량 (mm)	
1	황삭	황삭.NC	BEM	10	3	900	100	4	0.5	
2	정삭	정삭.NC	BEM	6	1	1200	180	-	-	
3	잔삭	잔삭.NC	BEM	4	-	1500	200	-	-	펜슬 가공

요구사항

- 기계가공 원점(0.0, 0.0, 0.0) 기호는 ◕ 로 한다.
- 평 엔드밀은 FEM(Flat END Mill), 볼 엔드밀은 BEM(Ball End Mill)으로 표기한다.
- 반드시 도면에 표시된 기계가공 원점을 기준으로 NC Data를 생성한다.
- NC Data생성 후 T코드, M코드 등은 NC 절삭지시서에 맞도록 반드시 NC Data를 수정한다.
- 공작물을 고정하는 베이스(바닥에서 10 mm 높이) 윗부분만 NC Data생성한다.
- 황삭 가공에서 Z방향의 공구 시작 높이는 공작물 표면으로부터 10 mm 정도로 한다.
- 공구번호, 작업내용, 공구조건, tool path 간격, 절삭조건 등은 반드시 NC 절삭지시서의 주어진 요구 조건에 따른다.
- 안전 높이는 기계가공 원점에서 50 mm 정도로 한다.

1. Manufacturing 시작하기

(1) NX를 실행하고 Open(열기)을 클릭하여 모델링한 파트파일을 불러온다.

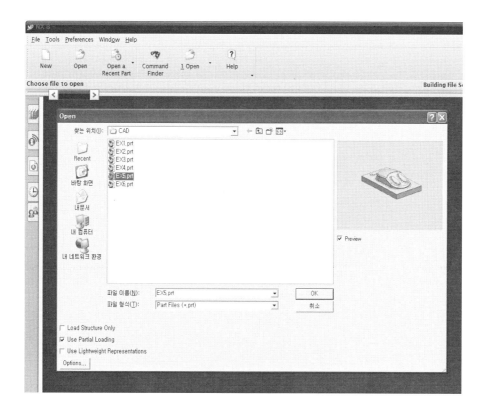

(2) Start(시작) → Manufacturing을 클릭하여 CAM 환경으로 들어간다.

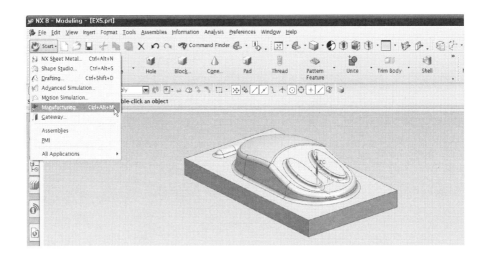

(3) Machining Environment(가공환경)설정

　　① CAM Session Configuration : cam_general

　　② CAM Setup to Create : mill_contour

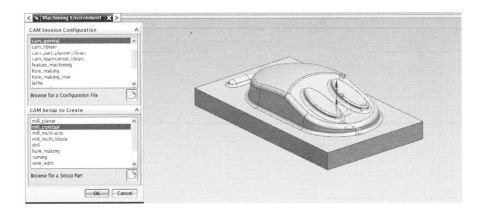

2. MCS Mill(기계좌표계 설정)

(1) 상단 아이콘 영역에서 Create Geometry( )를 선택한다.

(2) Create Geometry 대화상자에서 를 선택하고 Name을 MCS_1로 입력하고 확인(OK)한다.

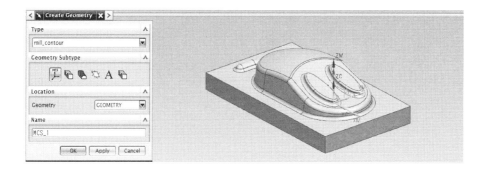

(3) MCS 대화상자가 나타난다.

① Specify MCS (MCS지정)의 CSYS Dialog(🖳)를 클릭한다.

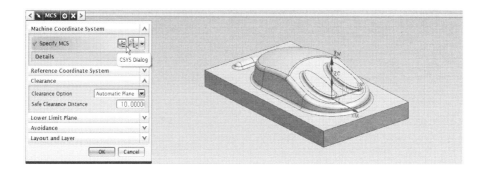

② CSYS 대화상자에서 그림과 같이 가공원점을 지정해 주고 확인(⟨ OK ⟩)한다.

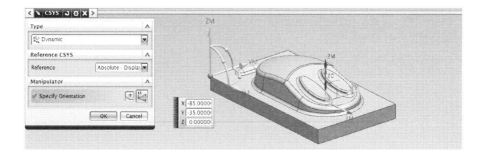

3. Work Piece(공작물 설정)

(1) 상단 아이콘 영역에서 Create Geometry( )를 선택한다.

(2) Create Geometry 대화상자에서 Workpiece(⬚)를 선택하고 Geometry는 MCS_1을 선택하고 Name을 WORKPIECE_1을 지정하고 확인(OK)한다.

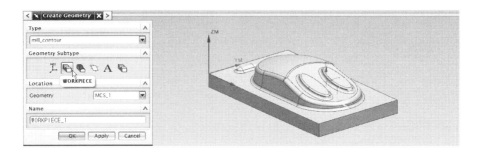

(3) Workpiece 대화상자의 Specify Part에서 ⬚를 클릭한다.

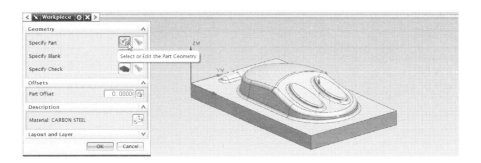

① Part Geometry에서 솔리드 바디를 선택하고 확인(OK)한다.

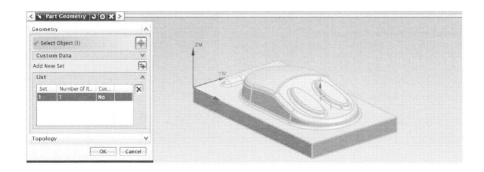

② Workpiece 대화상자의 Specify Part에서 Specify Blank에서 ⬡를 클릭한다.

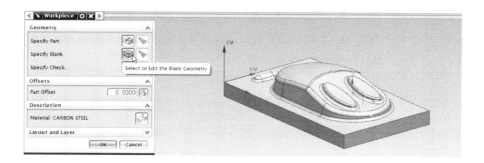

③ Blank Geometry 대화상자가 나타난다.

- Type : Bounding Block

- ZM+ : 3

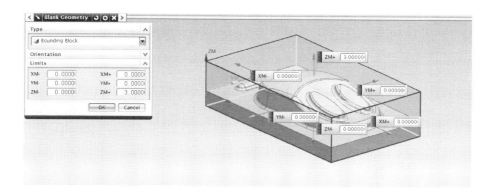

④ Workpiece 대화상자에서 🖉(Display)를 선택하면 가공할 공작물이 화면과 같이 표시된다.

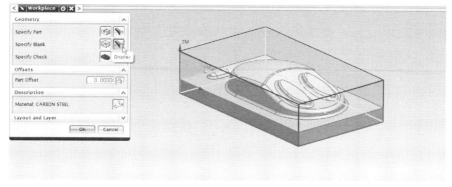

⑤ 확인(OK)하여 Workpiece를 실행한다.

4. Create Tool(공구 생성)

(1) 황삭 공구 생성

① 상단 아이콘 영역에서 Create Tool( ) 를 선택한다.

② Create Tool 대화상자에서 황삭용 공구 설정

　ⓐ Tool Subtype : (BALL_MILL, 볼 엔드밀)

　ⓑ Name : BEM10

　ⓒ 확인(OK)한다.

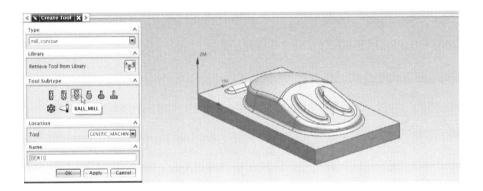

　ⓓ Milling tool-Ball Mill 대화상자가 나타난다.

　ⓔ Diameter(직경) : 10을 입력한다.

　ⓕ Tool Number : 1을 입력한다.

　ⓖ 확인(OK)하여 황삭 공구를 생성한다.

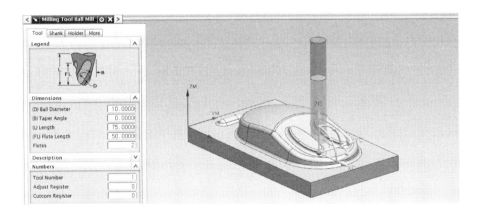

(2) 정삭 공구 생성

① Create Tool 대화상자에서 정삭용 공구 설정

   ⓐ Tool Subtype : ▨ (BALL_MILL, 볼 엔드밀)

   ⓑ Name : BEM6

   ⓒ 확인(OK)한다.

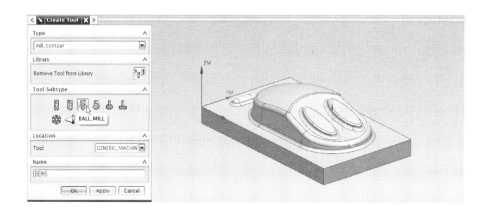

   ⓓ Milling tool-Ball Mill 대화상자가 나타난다.

   ⓔ Diameter(직경) : 6을 입력한다.

   ⓕ Tool Number : 2을 입력한다.

   ⓖ 확인(OK)하여 정삭 공구를 생성한다.

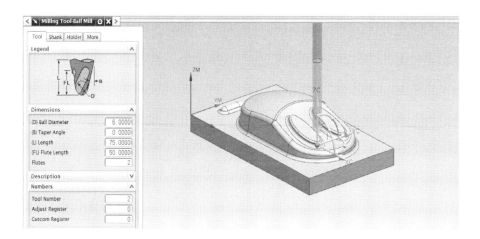

(3) 잔삭 공구 생성

① Create Tool 대화상자에서 잔삭용 공구 설정

   ⓐ Tool Subtype : ▨ (BALL_MILL, 볼 엔드밀)

   ⓑ Name : BEM4

   ⓒ 확인(OK)한다.

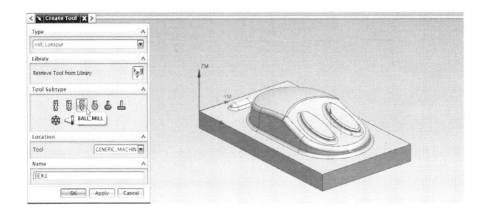

   ⓓ Milling tool-Ball Mill 대화상자가 나타난다.

   ⓔ Diameter(직경) : 4을 입력한다.

   ⓕ Tool Number : 3을 입력한다.

   ⓖ 확인(OK)하여 잔삭 공구를 생성한다.

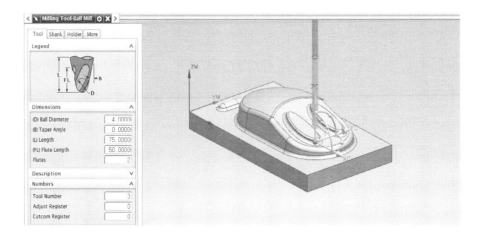

5. Create Operation

(1) 황삭 가공하기(Cavity Mill)

① 상단 아이콘 영역에서 Create Operation(Create Operation)을 클릭한다.

② Create Operation(오퍼레이션 생성)을 설정한다.

ⓐ Type(유형) : mill_contour

ⓑ Operation Subtype(오퍼레이션 하위유형) : (CAVITY_MILL)

ⓒ Program(프로그램) : NC_PROGRAM

ⓓ Tool(공구) : BEM10

ⓔ Geometry(지오메트리) : MCS_1

ⓕ Method(방법) : MILL_ROUGH

ⓖ Name(이름) : CAVITY_MILL

ⓗ 확인(OK)한다.

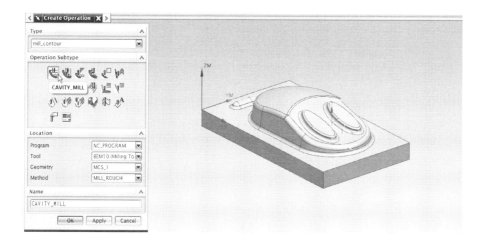

③ Cavity Mill 대화상자에서 Geometry는 WORKPIECE_1으로 설정한다.

④ Cavity Mill 대화상자에서 Path Setting(경로 설정값) 적용하기

ⓐ Method(방법) : MILL_ROUGH

ⓑ Cut Pattern(절삭 패턴) : Follow part

ⓒ Stepover(스텝오버) : Constance(상수)

ⓓ Maximum Distance(거리) : 3

ⓔ Common Depth per Cut : Constance(상수)

ⓕ Maximum Distance(거리) : 4

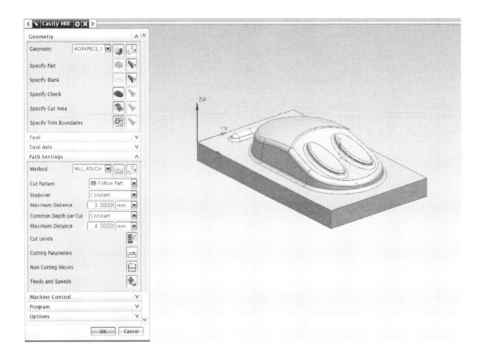

⑤ Cutting Parameter(절삭 매개변수, 🖳)를 클릭한다.

ⓐ Strategy(전략)을 선택하여 Cut Order를 Depth First로 설정한다.

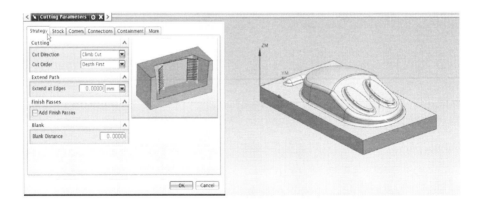

ⓑ Stock을 선택하여 Part Side Stock을 0.5로 입력하고 확인(OK)한다.

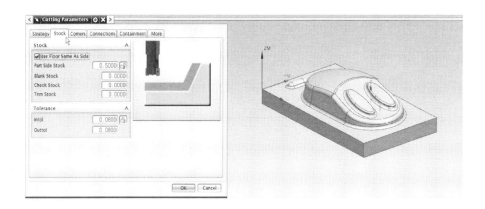

⑥ Non Cutting Moves(비절삭 이동, 🔲)를 클릭한다.

   ⓐ Transfer/Rapid(급속이송)을 선택하여 Clearance Option을 Automatic plane으로 설정하고 Safe Clearance Distance를 30으로 입력한다.

   ⓑ Non Cutting Moves를 확인(OK)한다.

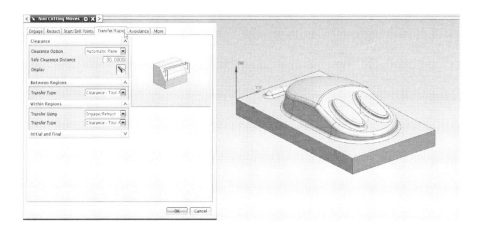

⑦ Feeds and Speeds(이송 및 속도, 🔲)를 클릭한다.

   ⓐ Spindle Speed(스핀들 회전속도)를 900으로 입력한다.

   ⓑ Feed Rates의 Cut를 100으로 입력한다.

   ⓒ 확인(OK)한다.

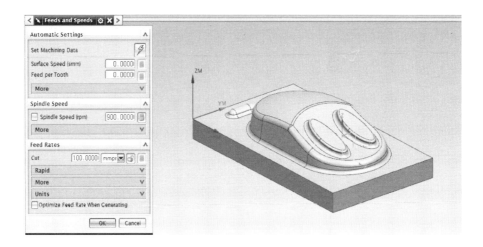

⑧ Generate(생성, 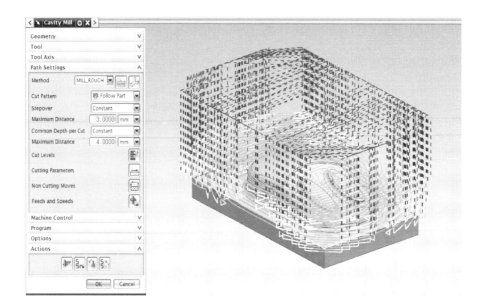)를 클릭하면 화면에 생성된 가공경로가 나타난다.

⑨ Verify(검증, 📁)을 클릭한다.

- Tool Path Visualization 대화상자에서 `3D Dynamic`를 선택하고 ▶(Play)를 클릭하면 화면에서 모의가공을 수행하고, 황삭 가공된 가공물이 표시된다.

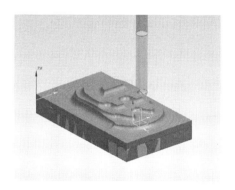

⑩ 확인(OK)한다.

(2) 정삭 가공하기(Contour Area)

① Create Operation(오퍼레이션 생성)을 설정한다.

　ⓐ Type(유형) : mill_contour

　ⓑ Operation Subtype(오퍼레이션 하위유형) : ⬇ (Contour_Area)

　ⓒ Program(프로그램) : NC_PROGRAM

　ⓓ Tool(공구) : BEM6

　ⓔ Geometry(지오메트리) : MCS_1

　ⓕ Method(방법) : MILL_SEMI_FINISH

　ⓖ Name(이름) : CONTOUR_AREA

　ⓗ 확인(OK)한다.

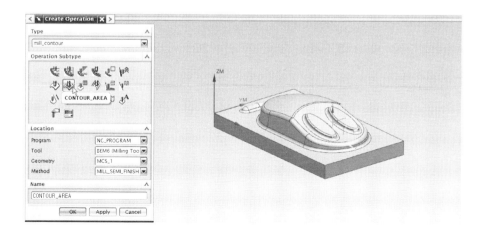

② Contour Area 대화상자에서 Geometry는 WORKPIECE_1으로 설정한다.

③ Specify Cut Area (⬛)를 클릭한다.

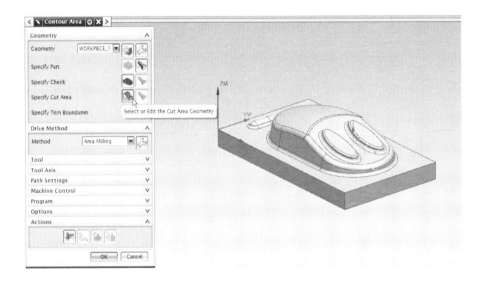

ⓐ Cut Area 대화상자에서 모델링 물체의 윗면을 모두 지정한다.

ⓑ Cut Area 대화상자에서 확인(OK)한다.

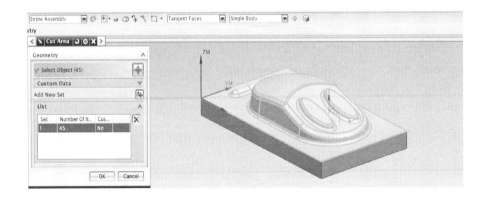

ⓒ Contour_Area의 Edit(편집, ⬛)을 클릭하고 다음과 같이 설정한다.

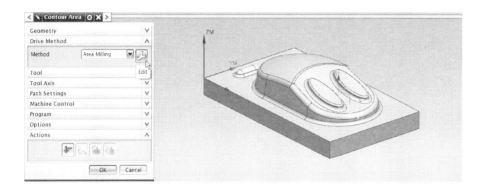

- Cut Pattern(절삭 유형) : Zig-Zag(지그재그)

- Cut Direction(절삭 방향) : Climb Cut(하향 절삭)

- Stepover(스텝오버) : Constance(상수)

- Maximum Distance(거리) : 0.5

- Stepover Applied : On Plane

- Cut Angle : Specify

- Angle from XC : 45

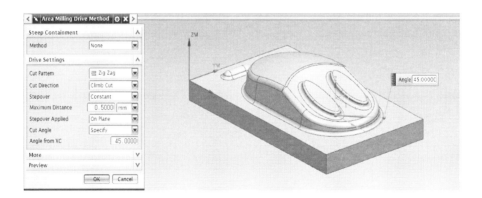

- 확인(OK)한다.

④ Non Cutting Moves(비절삭 이동, ⊞)를 클릭한다.

ⓐ Transfer/Rapid(급속이송)을 선택하여 Clearance Option을 Automatic plane으로 설정하고 Safe Clearance Distance를 30으로 입력한다.

ⓑ Non Cutting Moves를 확인(OK)한다.

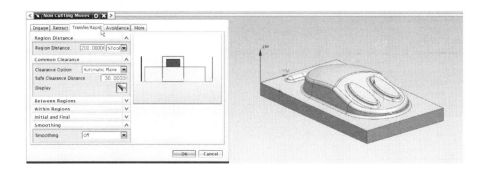

⑤ Feeds and Speeds(이송 및 속도,)를 클릭한다.

ⓐ Spindle Speed(스핀들 회전속도)를 1200으로 입력한다.

ⓑ Feed Rates의 Cut를 180으로 입력한다.

ⓒ 확인(OK)한다.

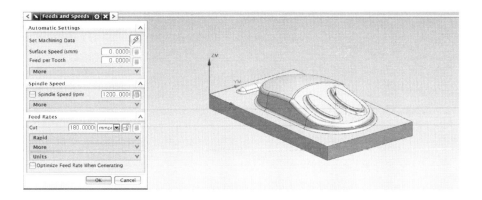

⑥ Generate(생성,)를 클릭하면 화면에 생성된 가공경로가 나타난다.

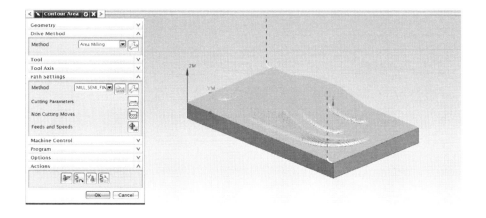

⑦ Verify(검증, 📷)을 클릭한다.

- Tool Path Visualization 대화상자에서 3D Dynamic 를 선택하고 ▶(Play)를 클릭하면 화면에서 모의가공을 수행하고, 정삭 가공된 가공물이 표시된다.

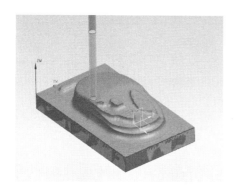 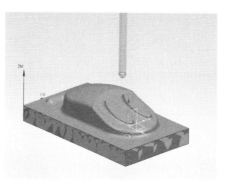

⑧ 확인(OK)한다.

(3) 잔삭 가공하기(Flowcut_Single)

① Create Operation(오퍼레이션 생성)을 설정한다.

ⓐ Type(유형) : mill_contour

ⓑ Operation Subtype(오퍼레이션 하위유형) : 🔧 (FLOWCUT_SINGLE)

ⓒ Program(프로그램) : NC_PROGRAM

ⓓ Tool(공구) : BEM4

ⓔ Geometry(지오메트리) : MCS_1

ⓕ Method(방법) : MILL_FINISH

ⓖ Name(이름) : FLOWCUT_SINGLE

ⓗ 확인(OK)한다.

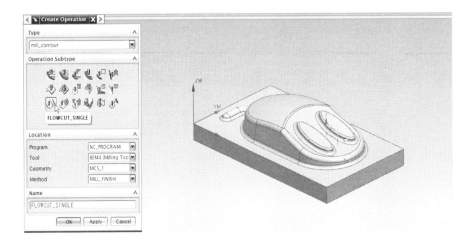

② Flowcut Single 대화상자에서 Geometry는 WORKPIECE_1로 설정한다.

③ Non Cutting Moves(비절삭 이동, ▦)를 클릭한다.

 ⓐ Transfer/Rapid(급속이송)를 선택하여 Clearance Option을 Automatic plane으로 설정하고 Safe Clearance Distance를 30으로 입력한다.

 ⓑ Non Cutting Moves를 확인(▭OK▭)한다.

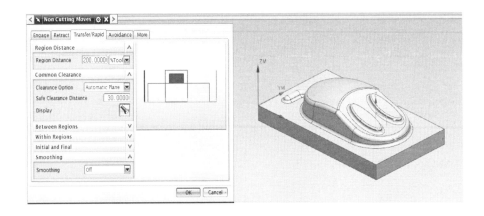

④ Feeds and Speeds(이송 및 속도, ▩)를 클릭한다.

 ⓐ Spindle Speed(스핀들 회전속도)를 1500으로 입력한다.

 ⓑ Feed Rates의 Cut를 200으로 입력한다.

 ⓒ 확인(▭OK▭)한다.

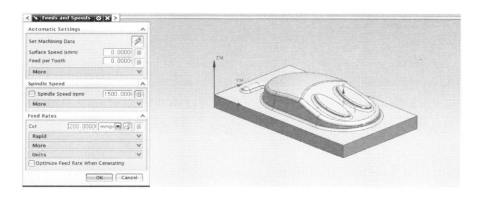

⑤ Generate(생성, ✐)을 클릭하면 화면에 생성된 가공경로가 나타난다.

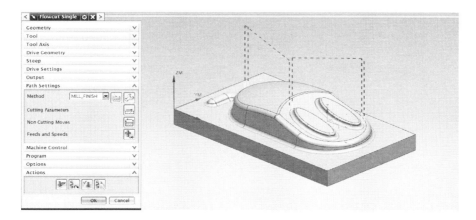

⑥ Verify(검증, ▣)을 클릭한다.

  - Tool Path Visualization 대화상자에서 3D Dynamic 를 선택하고 ▶(Play)를 클릭하면 화면에서 모의가공을 수행하고, 잔삭 가공된 가공물이 표시된다.

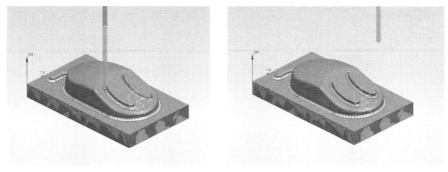

⑦ 확인(OK)한다.

6. NC Data 생성하기

(1) 잔삭 가공 Post Process

① Operation Navigator(오퍼레이션 탐색기)에서 FLOWCUT_SINGLE을 선택하고 MB3 버튼을 클릭하고 Post Process(포스트 프로세스)를 선택한다.

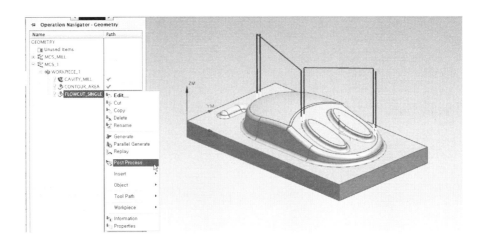

② Post Process(포스트 프로세스) 적용하기

ⓐ Post Process : MILL_3_AXIS - 3축 머시닝센터를 이용한다.

ⓑ Out Put File(출력 파일) : 저장할 폴더의 위치와 파일이름(*.nc)을 지정한다.

ⓒ Units(단위) : Metric/PART(미터식/파트)로 선택한다.

③ 확인(OK)한다.

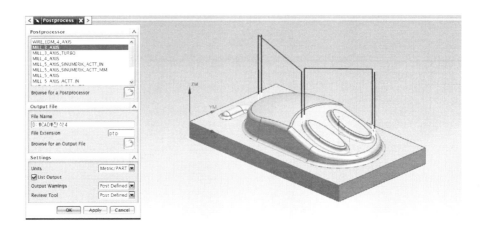

④ Information 대화상자에 NC 프로그램이 나타난다.

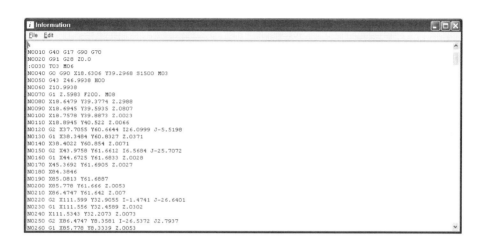

(2) 황삭, 정삭, 잔삭 가공 Post Process

황삭, 정삭, 잔삭 가공을 한 번에 순서대로 가공하기 위한 NC Data를 생성할 수 있다.

① Operation Navigator(오퍼레이션 탐색기)에서 WORKPIECE_1을 선택하고 MB3 버튼을 클릭하고 Post Process(포스트 프로세스)를 선택한다.

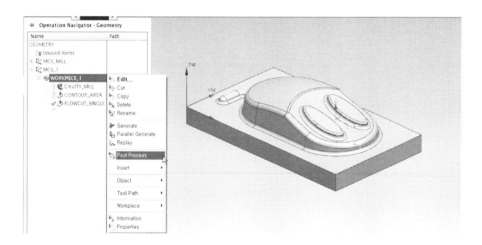

② Post Process(포스트 프로세스) 적용하기

ⓐ Post Process : MILL_3_AXIS - 3축 머시닝센터를 이용한다.

ⓑ Out Put File(출력 파일) : 저장할 폴더의 위치와 파일이름(*.nc)을 지정한다.

ⓒ Units(단위) : Metric/PART(미터식/파트)로 선택한다.

③ 확인(OK)한다.

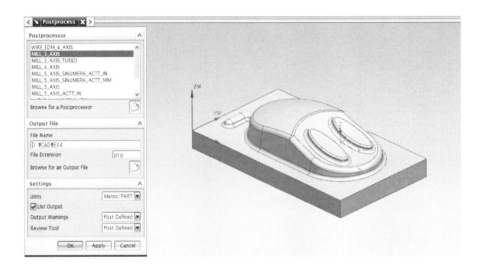

④ Information 대화상자에 NC 프로그램이 나타난다.

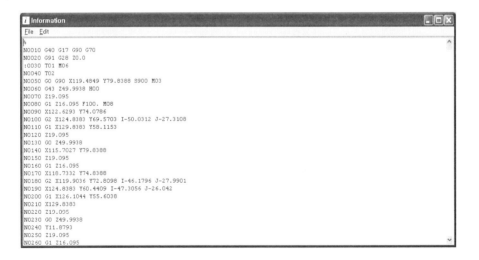

⑤ NC 프로그램 일부를 다음과 같이 수정한다.

[수정 전 NC 프로그램]

```
.%
N0010  G40  G17  G90  G70
N0020  G91  G28  Z0.0
:0030  T01  M06
N0040  T02
N0050  G0  G90  X119.4849  Y79.8388  S900
M03
N0060  G43  Z49.9938  H00
N0070  Z19.095
N0080  G1  Z16.095  F100.  M08
N0090  X122.6293  Y74.0786
N0100  G2  X124.8383  Y69.5703  I-50.0312
J-27.3108
N0110  G1  X129.8383  Y58.1153
N0120  Z19.095
.
.
.
```

[수정 후 NC 프로그램]

```
.%
N0010  G40  G17  G90  G70
N0020  G91  G28  Z0.0
N0030  T01  M06
N0040  G90  G92  X .  Y .  Z .
N0050  G0  G90  X119.4849  Y79.8388  S900
M03
N0060  G43  Z49.9938  H01
N0070  Z19.095
N0080  G1  Z16.095  F100.  M08
N0090  X122.6293  Y74.0786
N0100  G2  X124.8383  Y69.5703  I-50.0312
J-27.3108
N0110  G1  X129.8383  Y58.1153
N0120  Z19.095
.
.
.
```

⑥ 수정된 NC 프로그램의 확장명을 *.NC의 형식으로 저장한다.

4-5   CAM 따라하기-5

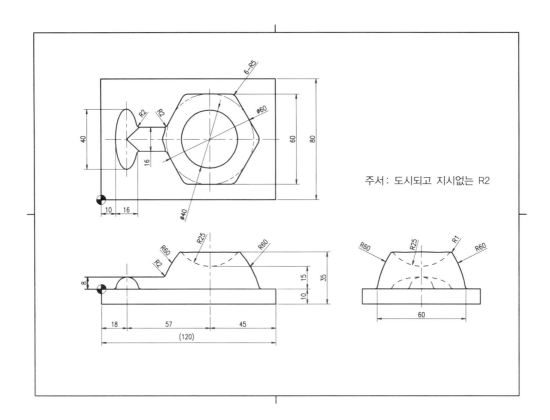

주서 : 도시되고 지시없는 R2

절삭지시서

공구 번호	작업 내용	파일명	공구조건		tool path 간격 (mm)	절삭조건				비고
			종류	직경		회전수 (rpm)	이송 (mm/min)	절입량 (mm)	가공 잔량 (mm)	
1	황삭	황삭.NC	BEM	12	3	900	120	4	0.5	
2	정삭	정삭.NC	BEM	6	0.5	1200	150	-	-	
3	잔삭	잔삭.NC	BEM	4	-	1500	200	-	-	펜슬 가공

요구사항

- 기계가공 원점(0.0, 0.0, 0.0) 기호는 ⬤ 로 한다.
- 평 엔드밀은 FEM(Flat END Mill), 볼 엔드밀은 BEM(Ball End Mill)으로 표기한다.
- 반드시 도면에 표시된 기계가공 원점을 기준으로 NC Data를 생성한다.
- NC Data생성 후 T코드, M코드 등은 NC 절삭지시서에 맞도록 반드시 NC Data를 수정한다.
- 공작물을 고정하는 베이스(바닥에서 10 mm 높이) 윗부분만 NC Data 생성한다.
- 황삭 가공에서 Z방향의 공구 시작 높이는 공작물 표면으로부터 10 mm 정도로 한다.
- 공구번호, 작업내용, 공구조건, tool path 간격, 절삭조건 등은 반드시 NC 절삭지시서의 주어진 요구 조건에 따른다.
- 안전 높이는 기계가공 원점에서 50 mm 정도로 한다.

1. Manufacturing 시작하기

(1) NX를 실행하고 Open(열기)을 클릭하여 모델링한 파트파일을 불러온다.

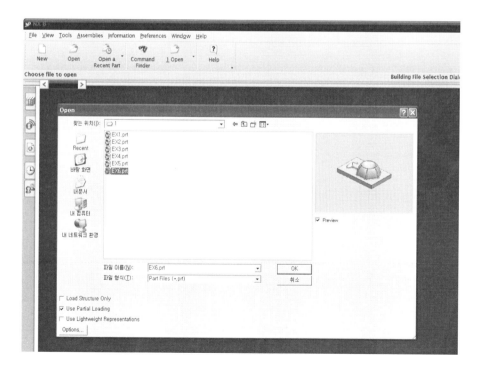

(2) Start(시작) → Manufacturing을 클릭하여 CAM 환경으로 들어간다.

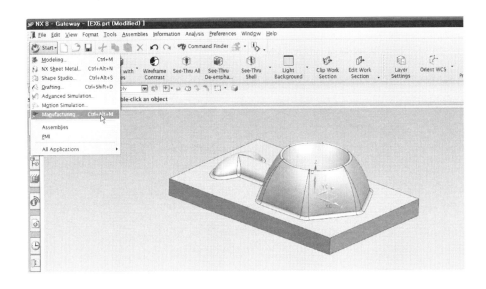

(3) Machining Environment(가공환경)설정

① CAM Session Configuration : cam_general

② CAM Setup to Create : mill_contour

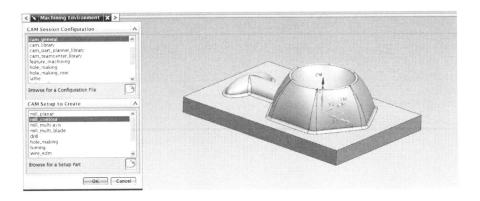

2. MCS Mill(기계좌표계 설정)

(1) 상단 아이콘 영역에서 Create Geometry(Create Geometry)를 선택한다.

(2) Create Geometry 대화상자에서 MCS(MCS)를 선택하고 Name을 MCS_1로 입력하고 확인 (OK)한다.

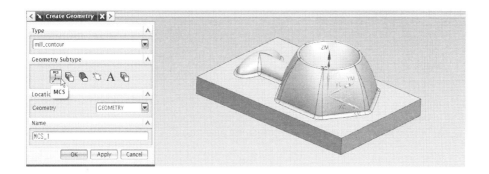

(3) MCS 대화상자가 나타난다.

① Specify MCS (MCS지정)의 CSYS Dialog(🖾)를 클릭한다.

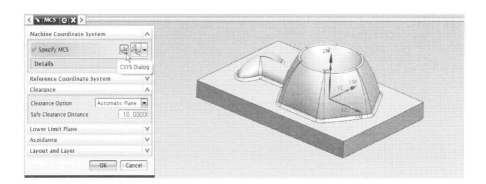

② CSYS 대화상자에서 그림과 같이 가공원점을 지정해 주고 확인(OK)한다.

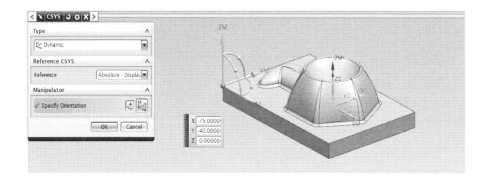

3. Work Piece(공작물 설정)

(1) 상단 아이콘 영역에서 Create Geometry(Create Geometry)를 선택한다.

(2) Create Geometry 대화상자에서 Workpiece(⬚)를 선택하고 Geometry는 MCS_1을 선택
하고 Name을 WORKPIECE_1을 지정하고 확인(OK)한다.

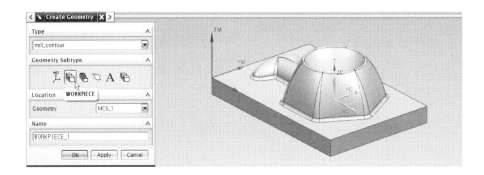

(3) Workpiece 대화상자의 Specify Part에서 ⬚를 클릭한다.

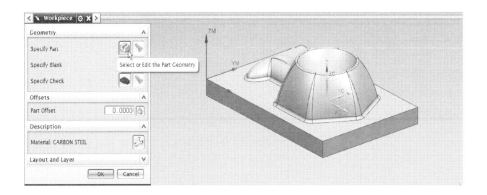

① Part Geometry 대화상자의 Select Object에서 솔리드 바디를 선택하고 확인(OK)
한다.

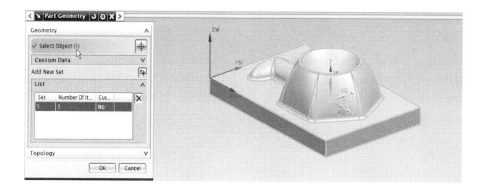

② Workpiece 대화상자의 Specify Part에서 Specify Blank에서 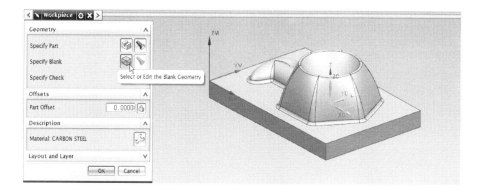를 클릭한다.

③ Blank Geometry 대화상자의 Type에서 Bounding Block을 선택한다.

- ZM+ : 3으로 입력하고 확인(OK)한다.

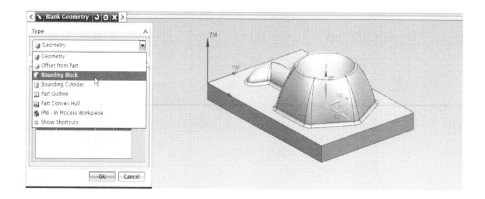

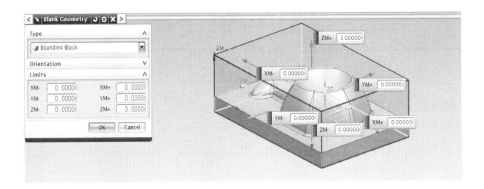

④ Workpiece 대화상자에서 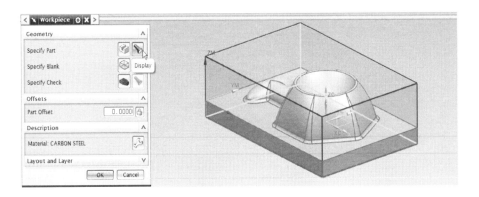(Display)를 선택하면 가공할 공작물이 화면과 같이 표시된다.

⑤ 확인(OK)하여 Workpiece를 실행한다.

4. Create Tool(공구 생성)

(1) 황삭 공구 생성

① 상단 아이콘 영역에서 Create Tool( )를 선택한다.

② Create Tool 대화상자에서 황삭용 공구 설정

ⓐ Tool Subtype : (BALL_MILL, 볼 엔드밀)

ⓑ Name : BEM12

ⓒ 확인(OK)한다.

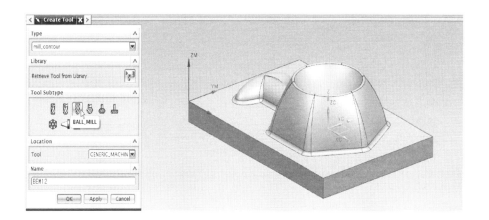

ⓓ Milling tool-Ball Mill 대화상자가 나타난다.

ⓔ Diameter(직경) : 12를 입력한다.

ⓕ Tool Number : 1을 입력한다.

ⓖ 확인(⟦ OK ⟧)하여 황삭 공구를 생성한다.

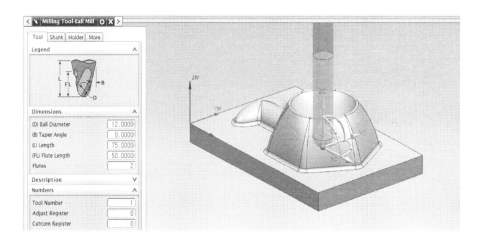

(2) 정삭 공구 생성

① Create Tool 대화상자에서 정삭용 공구 설정

ⓐ Tool Subtype : 🔳 (BALL_MILL, 볼 엔드밀)

ⓑ Name : BEM6

ⓒ 확인(⟦ OK ⟧)한다.

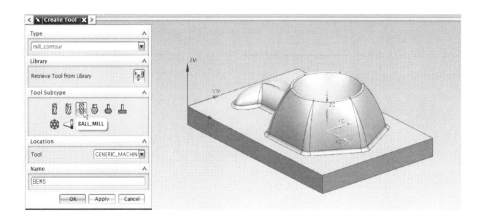

ⓓ Milling tool-Ball Mill 대화상자가 나타난다.

ⓔ Diameter(직경) : 6을 입력한다.

ⓕ Tool Number : 2를 입력한다.

ⓖ 확인(OK)하여 정삭 공구를 생성한다.

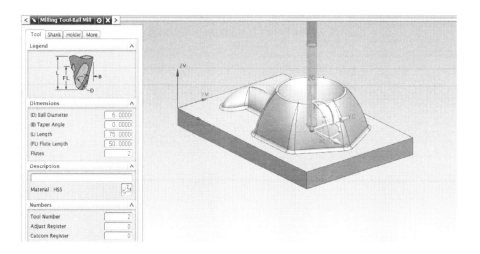

(3) 잔삭 공구 생성

① Create Tool 대화상자에서 잔삭용 공구 설정

ⓐ Tool Subtype : (BALL_MILL, 볼 엔드밀)

ⓑ Name : BEM4

ⓒ 확인(OK)한다.

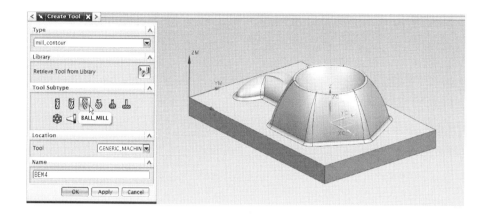

ⓓ Milling tool-Ball Mill 대화상자가 나타난다.

ⓔ Diameter(직경) : 4를 입력한다.

ⓕ Tool Number : 3을 입력한다.

ⓖ 확인(OK)하여 잔삭 공구를 생성한다.

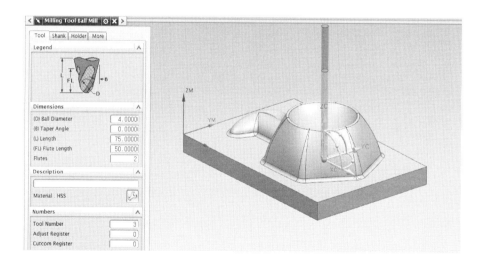

5. Create Operation

(1) 황삭 가공하기(Cavity Mill)

① 상단 아이콘 영역에서 Create Operation(Create Operation)을 클릭한다.

② Create Operation(오퍼레이션 생성)을 설정한다.

    ⓐ Type(유형) : mill_contour

    ⓑ Operation Subtype(오퍼레이션 하위유형) : 🔧 (CAVITY_MILL)

    ⓒ Program(프로그램) : NC_PROGRAM

    ⓓ Tool(공구) : BEM12

    ⓔ Geometry(지오메트리) : MCS_1

    ⓕ Method(방법) : MILL_ROUGH

    ⓖ Name(이름) : CAVITY_MILL

    ⓗ 확인(OK)한다.

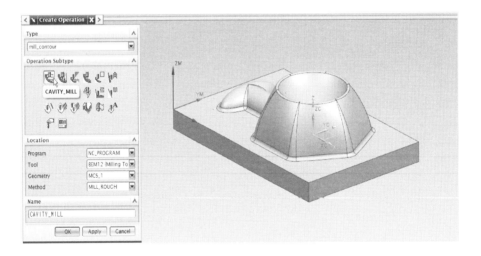

③ Cavity Mill 대화상자에서 Geometry는 WORKPIECE_1으로 설정한다.

④ Cavity Mill 대화상자에서 Path Setting(경로 설정값) 적용하기

    ⓐ Method(방법) : MILL_ROUGH

    ⓑ Cut Pattern(절삭 패턴) : Follow part

    ⓒ Stepover(스텝오버) : Constance(상수)

    ⓓ Maximum Distance(거리) : 3

    ⓔ Common Depth per Cut : Constance(상수)

    ⓕ Maximum Distance(거리) : 4

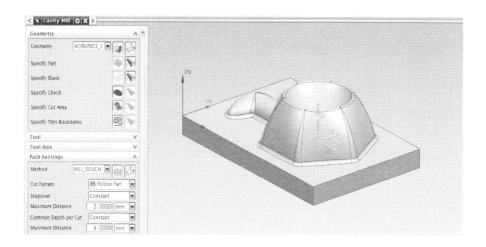

⑤ Cutting Parameter(절삭 매개변수, ⬛)를 클릭한다.

　ⓐ Strategy(전략)을 선택하여 Cut Order를 Depth First로 설정한다.

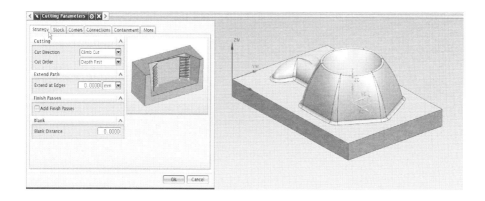

　ⓑ Stock을 선택하여 Part Side Stock을 0.5로 입력하고 확인(　OK　)한다.

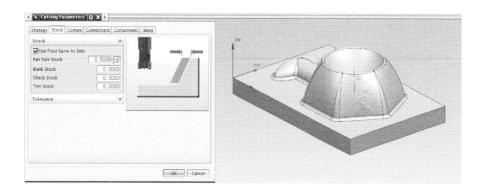

⑥ Non Cutting Moves(비절삭 이동, 🖾)을 클릭한다.

　ⓐ Engage를 클릭하고 Plunge를 선택한다.

　ⓑ Retract를 클릭하고 Same as Engage를 선택한다.

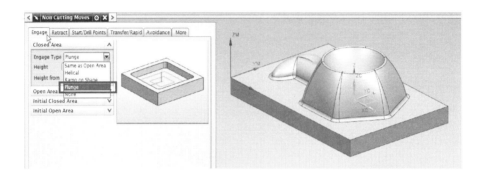

　ⓒ Transfer/Rapid(급속이송)을 선택하여 Clearance Option을 Plane(평면)으로 설정한다.

　ⓓ Specify Plane(평면지정)의 🖾을 클릭한다.

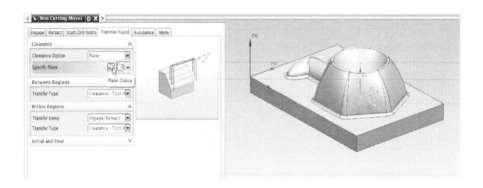

　ⓔ Type에서 🖾 At Distance 을 선택한다.

　ⓕ Planer Reference의 Select Planer Object에서 X-Y평면을 선택한다.

　ⓖ Distance를 50으로 입력한다.

　ⓗ Plane 대화상자에서 확인(OK)한다.

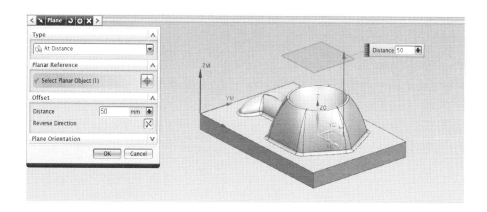

ⓘ Non Cutting Moves를 확인(OK)한다.

⑦ Feeds and Speeds(이송 및 속도, ⬛)를 클릭한다.

  ⓐ Spindle Speed(스핀들 회전속도)를 900으로 입력한다.

  ⓑ Feed Rates의 Cut를 120으로 입력한다.

  ⓒ 확인(OK)한다.

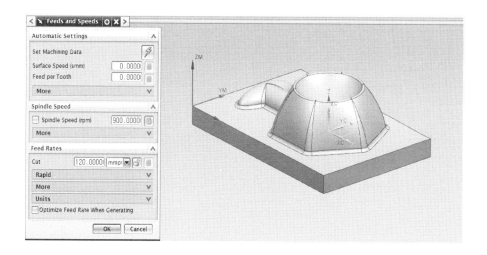

⑧ Generate(생성, ⬛)을 클릭하면 화면에 생성된 가공경로가 나타난다.

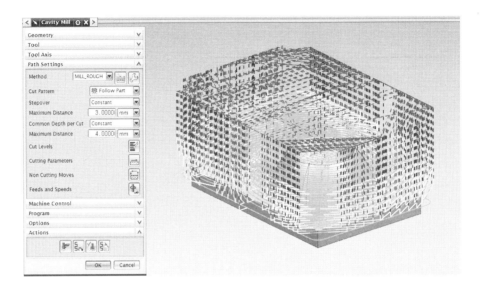

⑨ Verify(검증,)을 클릭한다.

- Tool Path Visualization 대화상자에서 3D Dynamic 를 선택하고 ▶(Play)를 클릭하면
  화면에서 모의가공을 수행하고, 황삭 가공된 가공물이 표시된다.

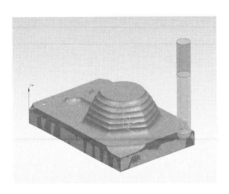 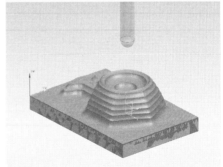

⑩ 확인(OK)한다.

(2) 정삭 가공하기(Contour Area)

① Create Operation(오퍼레이션 생성)을 설정한다.

   ⓐ Type(유형) : mill_contour

   ⓑ Operation Subtype(오퍼레이션 하위유형) : (Contour_Area)

ⓒ Program(프로그램) : NC_PROGRAM

　　- Tool(공구) : BEM6

　　- Geometry(지오메트리) : MCS_1

ⓓ Method(방법) : MILL_SEMI_FINISH

ⓔ Name(이름) : CONTOUR_AREA

ⓕ 확인(O⎓OK⎓)한다.

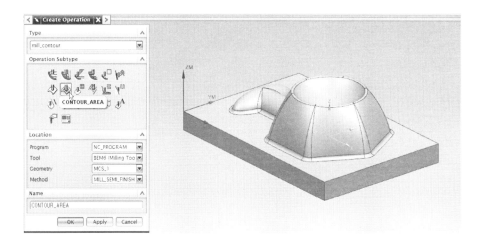

② Contour Area 대화상자에서 Geometry는 WORKPIECE_1으로 설정한다.

③ Specify Cut Area (　)를 클릭한다.

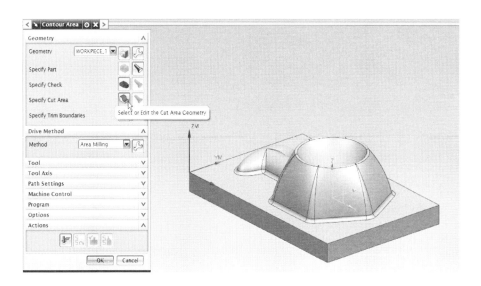

ⓐ Cut Area 대화상자에서 모델링 물체의 윗면을 모두 지정한다.

ⓑ Cut Area 대화상자에서 확인(OK)한다.

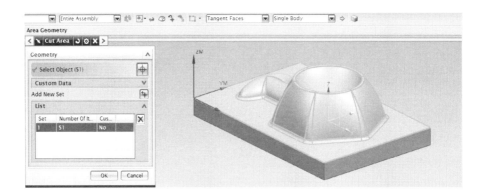

ⓒ Contour_Area의 Edit(편집, 🖉)을 클릭하고 다음과 같이 설정한다.

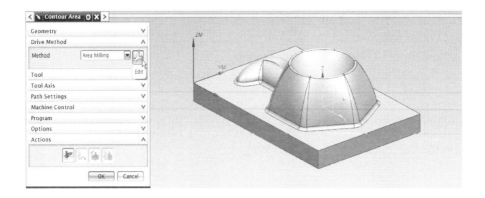

- Cut Pattern(절삭 유형) : Zig-Zag(지그재그)

- Cut Direction(절삭 방향) : Climb Cut(하향 절삭)

- Stepover(스텝오버) : Constance(상수)

- Maximum Distance(거리) : 0.5

- Stepover Applied : On Plane

- Cut Angle : Automatic

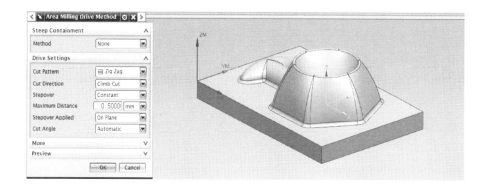

- 확인(OK)한다.

④ Non Cutting Moves(비절삭 이동, 🔲)을 클릭한다.

ⓐ Transfer/Rapid(급속이송)을 선택하여 Clearance Option을 Automatic plane으로 설정하고 Safe Clearance Distance를 30으로 입력한다.

ⓑ Non Cutting Moves를 확인(OK)한다.

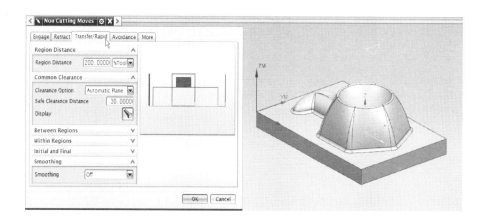

⑤ Feeds and Speeds(이송 및 속도, 🔲)를 클릭한다.

ⓐ Spindle Speed(스핀들 회전속도)를 1200으로 입력한다.

ⓑ Feed Rates의 Cut를 150으로 입력한다.

ⓒ 확인(OK)한다.

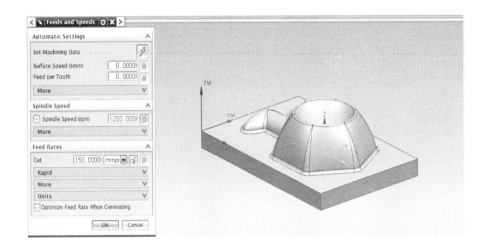

⑥ Generate(생성,)을 클릭하면 화면에 생성된 가공경로가 나타난다.

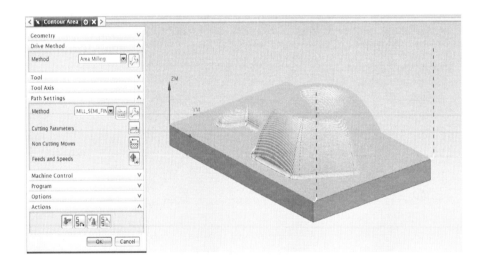

⑦ Verify(검증,)을 클릭한다.

- Tool Path Visualization 대화상자에서 3D Dynamic 를 선택하고 ▶(Play)를 클릭하면 화면에서 모의가공을 수행하고, 정삭 가공된 가공물이 표시된다.

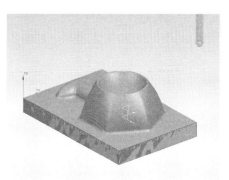

⑧ 확인(OK)한다.

(3) 잔삭 가공하기(Flowcut_Single)

① Create Operation(오퍼레이션 생성)을 설정한다.

    ⓐ Type(유형) : mill_contour

    ⓑ Operation Subtype(오퍼레이션 하위유형) : (FLOWCUT_SINGLE)

    ⓒ Program(프로그램) : NC_PROGRAM

    ⓓ Tool(공구) : BEM4

    ⓔ Geometry(지오메트리) : MCS_1

    ⓕ Method(방법) : MILL_FINISH

    ⓖ Name(이름) : FLOWCUT_SINGLE

    ⓗ 확인(OK)한다.

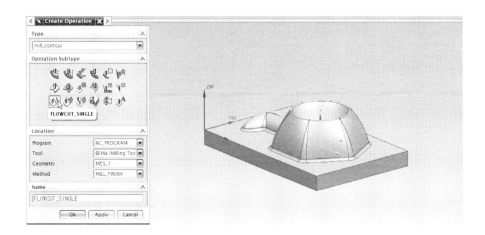

② Flowcut Single 대화상자에서 Geometry는 WORKPIECE_1로 설정한다.

③ Non Cutting Moves(비절삭 이동, ▣)을 클릭한다.

　ⓐ Transfer/Rapid(급속이송)을 선택하여 Clearance Option을 Automatic plane으로 설정하고 Safe Clearance Distance를 30으로 입력한다.

　ⓑ Non Cutting Moves를 확인(OK)한다.

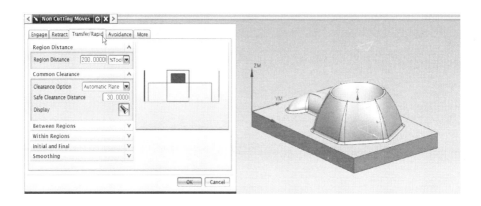

④ Feeds and Speeds(이송 및 속도, ▣)를 클릭한다.

　ⓐ Spindle Speed(스핀들 회전속도)를 1500으로 입력한다.

　ⓑ Feed Rates의 Cut를 200으로 입력한다.

　ⓒ 확인(OK)한다.

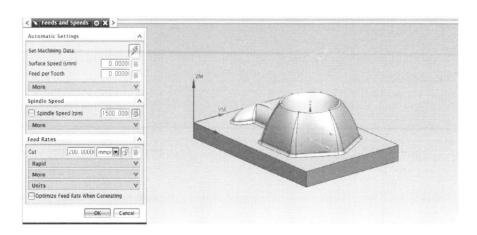

⑤ Generate(생성, ▣)을 클릭하면 화면에 생성된 가공경로가 나타난다.

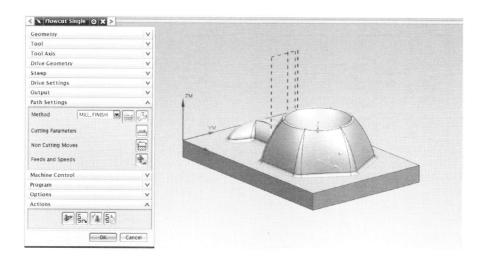

⑥ Verify(검증, ⬛)을 클릭한다.

- Tool Path Visualization 대화상자에서 3D Dynamic 를 선택하고 ▶(Play)를 클릭하면 화면에서 모의가공을 수행하고, 잔삭 가공된 가공물이 표시된다.

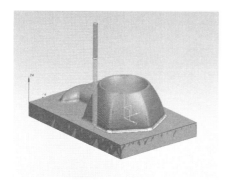 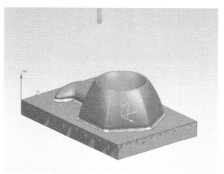

⑦ 확인(OK)한다.

6. NC Data 생성하기

(1) 정삭 가공 Post Process

① Operation Navigator(오퍼레이션 탐색기)에서 CONTOUR_AREA를 선택하고 MB3 버튼을 클릭하고 Post Process(포스트 프로세스)를 선택한다.

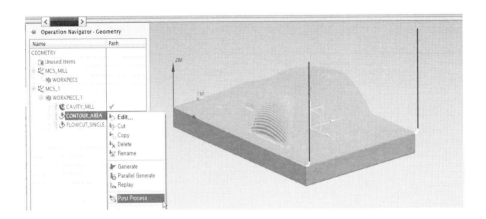

② Post Process(포스트 프로세스) 적용하기

  ⓐ Post Process : MILL_3_AXIS - 3축 머시닝센터를 이용한다.

  ⓑ Out Put File(출력 파일) : 저장할 폴더의 위치와 파일이름(*.nc)을 지정한다.

  ⓒ Units(단위) : Metric/PART(미터식/파트)로 선택한다.

③ 확인(OK)한다.

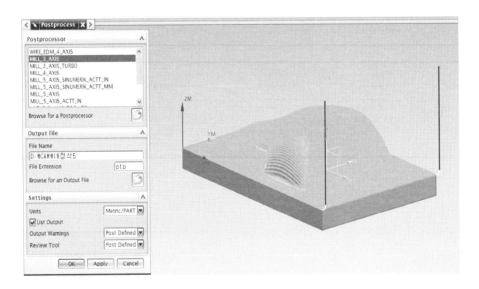

④ Information 대화상자에 NC 프로그램이 나타난다.

```
ℹ Information                                                    _ □ X
File   Edit
┌─────────────────────────────────────────────────────────────────┐
│ N0010 G40 G17 G90 G70                                             │
│ N0020 G91 G28 Z0.0                                                │
│ :0030 T02 M06                                                     │
│ N0040 G0 G90 X122.9983 Y.0029 S1200 M03                           │
│ N0050 G43 Z54.9755 H00                                            │
│ N0060 Z3.25                                                       │
│ N0070 G1 X122.8961 Z2.4735 F150. M08                             │
│ N0080 X122.5964 Z1.75                                             │
│ N0090 X122.1196 Z1.1287                                           │
│ N0100 X121.4983 Z.6519                                            │
│ N0110 X120.7748 Z.3522                                            │
│ N0120 X119.9983 Y.003 Z.25                                        │
│ N0130 X.0118 Y.0058                                               │
│ N0140 X.0036 Y.4954                                               │
│ N0150 X119.9983 Y.4925                                            │
│ N0160 Y.9894                                                      │
│ N0170 X.0017 Y.9923                                               │
│ N0180 Y1.4892                                                     │
│ N0190 X119.9983 Y1.4864                                           │
│ N0200 Y1.9833                                                     │
│ N0210 X.0017 Y1.9862                                              │
│ N0220 Y2.4831                                                     │
│ N0230 X119.9983 Y2.4802                                           │
│ N0240 Y2.9772                                                     │
│ N0250 X.0017 Y2.98                                                │
│ N0260 Y3.477                                                      │
└─────────────────────────────────────────────────────────────────┘
```

(2) 황삭, 정삭, 잔삭 가공 Post Process

황삭, 정삭, 잔삭 가공을 한 번에 순서대로 가공하기 위한 NC Data를 생성할 수 있다.

① Operation Navigator(오퍼레이션 탐색기)에서 WORKPIECE_1을 선택하고 MB3 버튼을 클릭하고 Post Process(포스트 프로세스)를 선택한다.

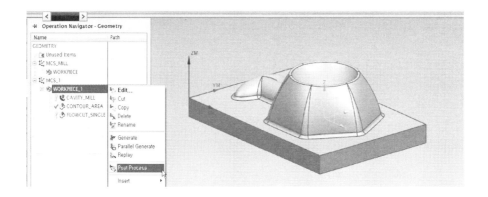

② Post Process(포스트 프로세스) 적용하기

　ⓐ Post Process : MILL_3_AXIS - 3축 머시닝센터를 이용한다.

　ⓑ Out Put File(출력 파일) : 저장할 폴더의 위치와 파일이름(*.nc)을 지정한다.

　ⓒ Units(단위) : Metric/PART(미터식/파트)로 선택한다.

③ 확인(OK)한다.

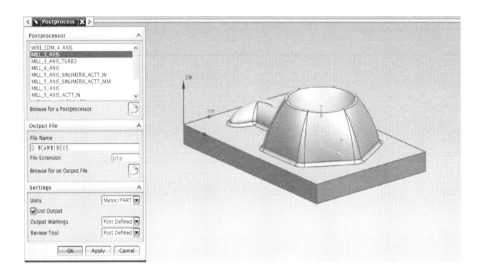

④ Information 대화상자에 NC 프로그램이 나타난다.

```
i Information
File  Edit
%
N0010 G40 G17 G90 G70
N0020 G91 G28 Z0.0
:0030 T01 M06
N0040 T02
N0050 G0 G90 X-11.592 Y68.4337 S900 M03
N0060 G43 Z50. H00
N0070 Z26.6218
N0080 G1 Z23.6218 F120. M08
N0090 X-5.5815 Y80.3586
N0100 G2 X-3.3885 Y84.4434 I80.1359 J-40.391
N0110 G1 X.6888 Y91.5889
N0120 Z26.6218
N0130 G0 Z50.
N0140 X-11.592 Y58.6416
N0150 Z26.6218
N0160 G1 Z23.6218
N0170 X-5.592 Y73.1385
N0180 G2 X.5265 Y85.1741 I80.1464 J-33.1709
N0190 X.7758 Y85.5889 I73.8053 J-44.0779
N0200 G1 X4.4051 Y91.5889
N0210 Z26.6218
N0220 G0 Z50.
N0230 X-11.592 Y58.4918
N0240 Z26.6218
N0250 G1 Z23.6218
N0260 X-7.3307
```

⑤ NC 프로그램 일부를 다음과 같이 수정한다.

[수정 전 NC 프로그램]

```
%
N0010 G40 G17 G90 G70
N0020 G91 G28 Z0.0
:0030 T01 M06
N0040 T02
N0050 G0 G90 X-11.592 Y68.4337 S900
M03
N0060 G43 Z50. H00
N0070 Z26.6218
N0080 G1 Z23.6218 F120. M08
N0090 X-5.5815 Y80.3586
N0100 G2 X-3.3885 Y84.4434 I80.1359
J-40.391
N0110 G1 X.6888 Y91.5889
N0120 Z26.6218
.
.
.
```

[수정 후 NC 프로그램]

```
%
N0010 G40 G17 G90 G70
N0020 G91 G28 Z0.0
N0030 T01 M06
N0040 G90 G92 X . Y . Z .
N0050 G0 G90 X-11.592 Y68.4337 S900 M03
N0060 G43 Z50. H01
N0070 Z26.6218
N0080 G1 Z23.6218 F120. M08
N0090 X-5.5815 Y80.3586
N0100 G2 X-3.3885 Y84.4434 I80.1359
J-40.391
N0110 G1 X.6888 Y91.5889
N0120 Z26.6218
.
.
.
```

⑥ 수정된 NC 프로그램의 확장명을 *.NC의 형식으로 저장한다.

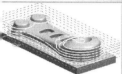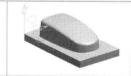

부 록

I 머시닝센터 조작방법

1. 머시닝센터 조작

(1) 준비작업

① 전장박스 옆의 Main 전원 스위치 ON → 조작반 비상정지 버튼 해제(OFF) → 조작반 전원 ON 한다.

② 모드선택 → 핸들운전 → 조작판을 눌러 MANUAL ABS가 ON되어 있는지 확인한다.

※ 자동운전 중 수동 이동량을 공작물 좌표계에 가산하는지 하지 않는지를 결정한다.

※ 이 스위치가 ON되면 공작물 좌표계에 이동량을 가산하지 않는다.

※ 초보자의 경우 항상 ON 상태가 안전하다.

③ 모드선택 → 원점복귀를 선택

8(Z 축 + 방향), 1(Y축 + 방향), 4(X + 방향) 을 눌러서 원점복귀 시킨다.

※ 원점 복귀시 X, Y, Z축이 각각 원점으로부터 100 mm이상 떨어진 위치에서 복귀시켜야 알람이 발생하지 않는다.

※ 원점복귀 후 기계원점에서 X, Y, Z축을 움직일 때는 반드시 – 방향으로 움직여야 한다.

※ + 방향으로 움직여 알람이 발생하였을 경우에는 펄스레인지를 0.01로 한 후 행정오버 스위치를 누른 상태에서 – 방향을 정확히 확인한 후에 알람이 발생한 축을 천천히 이동시킨다.

④ 준비된 가공 소재는 치수를 확인 후 바이스 왼쪽끝 부분에 견고하게 고정한다.

(2) Z축 좌표값 설정

① 모드선택 → 핸들운전 → 조작판 → Check Mode 선택 → 주축의 공구를 TOOL UNCLAMP 버튼으로 분리한다.

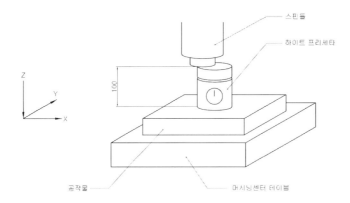

② 100 mm 하이트 프리세트를 공작물 상면에 올려놓고 셋팅점 0점을 확인한다.

③ 하이트 프리세트 상면에 주축 끝을 접촉시킬 때는 충돌방지를 위해 펄스레인지 0.1 로 10 mm 위치까지 이동 후 0.01로 변경하여 천천히 접촉시킨다.

④ 모드선택 → 핸들운전 → Z축을 선택, 주축 끝을 하이트 프리세트 상면으로 이동시켜 0점까지 맞춘다.

⑤ 위치선택(F1) → 기계좌표를 선택하여 Z값을 기록한다. 그리고 위치선택 → 상대좌표 Z0(F6) 실행하여 상대좌표 Z0 확인한다.

⑥ 기계좌표값 = Z좌표값 + 100 (하이트 프리세트 높이값)

(3) 공구길이 설정

① 선택모드 → 핸들운전 → 위치선택(F1) → 상대좌표로 전환한다. 상대좌표 Z값 0 확인 한다.

② 선택모드 → 핸들운전으로 공구를 장착 탈착시킬 수 있을 만큼 Z축을 +방향으로 약 300 mm 정도 이동시킨다.

③ 공구가 분리되어 있는 경우 선택모드 → 핸들운전 → 조작판 → Check Mode를 ON 시 킨 후 Tool Unclamp (공구풀림) 버튼을 눌러 측정할 4번 공구를 주축에 장착한다. 모 드선택 → 반자동 → G91 G30 Z0.;⏎ T04 M06⏎ → 자동개시

④ 핸들운전으로 Z축을 −방향으로 이동시켜 공구의 끝을 하이트 프리세트 0점에 맞춘

다음 상대좌표 Z값을 기록한다 (4번공구 길이값).

⑤ Check Mode를 ON시킨 후 Tool Unclamp (공구풀림) 버튼을 눌러 공구를 장착 또는 탈착하거나 모드선택 → 반자동 → G91 G30 Z0.;⏎ T03 M06⏎ → 자동개시 방법으로 3, 2, 1번 공구를 선택하여 ④의 방법으로 길이를 구한 다음 기록한다.

(4) 공구장착 방법

① 프로그램에서 사용한 공구번호와 Tool Magagine (메가진) 번호를 동일하게 차례로 공구를 장착시킨다.

② 주축을 Z축 공구교환 위치로 이동시킨다.

③ 모드선택 → 반자동 → G91 G30 Z0. M19 → ⏎ → 자동개시

④ TO1 M06 → ⏎ → 자동개시 : 1번 공구 교환

⑤ 주축에 이미 장착되어 있는 공구를 다시 불러오면 알람이 발생하지만 조작판의 해제 Key를 눌러 해제한다.

⑥ 모드선택 → 핸들운전 → 조작판 → Check Mode를 ON시킨 후 Tool Unclamp (공구풀림)버튼을 눌러 1번 공구 장착한다.

⑦ TO2 M06 → ⏎ → 자동개시 (2번공구 교환)

⑧ 모드선택 → 핸들운전 → 조작판 → Check Mode를 ON시킨 후 Tool Unclamp (공구풀림)버튼을 눌러 2번 공구 장착한다.

⑨ ⑦의 방법으로 3번, 4번 공구를 차례로 Magagine에 장착시킨다.

(5) X, Y축 좌표값 설정

① X, Y의 기계좌표값 공작물 프로그램 원점에서 기계 원점까지의 거리를 구한다.

② G92 X_Y_Z_공작물좌표계 설정은 절댓값으로 입력한다.

③ 터치센서(φ 10) 또는 엔드밀(φ 8 or φ 10 or φ 12)을 주축에 장착한다.

④ 모드선택 → 핸들운전 → 조작판 → Check Mode를 ON시킨 후 Tool Unclamp (공구풀

림)버튼을 눌러 Touch Point (터치포인트 10 mm)를 주축에 장착한다.

⑤ 핸들운전→주축을 공작물 근처까지 천천히 이동시킨다.

⑥ 모드선택 → 반자동 → S500 M03↵ → 자동개시(터치센서 이용시 S50으로 한다.)

⑦ 핸들운전으로 X축을 움직이면서 터치포인트 또는 엔드밀을 공작물의 왼쪽 측면(Z축)에 접촉할 때까지 이송시킨다.

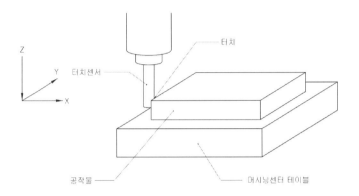

⑧ 터치포인트를 접촉시킬 때는 펄스레인지를 0.1, 0.01, 0.001 순으로 변경하면서 접촉해야 안전하다.

⑨ 접촉이 되었으면 위치선택(F1) → 기계좌표 X값을 읽어 기록한다.

⑩ 기계좌표 X값 = X좌표값 − 터치센서 또는 사용한 엔드밀의 반경값으로 적용한다.

⑪ 예를 들어 화면의 기계좌표값이 342.130이고 공구경의 직경이 12 mm일 때의 기계원점까지의 거리는 336.130(342.130 − 6 = 336.130)를 입력한다.

⑫ 핸들운전으로 Y축을 움직이면서 터치센서 또는 엔드밀을 공작물의 앞쪽 단면에 접촉할 때까지 이동시킨다.

⑬ 터치포인트를 접촉시킬 때는 펄스레인지를 0.1, 0.01, 0.001 순으로 변경하면서 접촉해야 안전하다.

⑭ 위치선택(F1) → 기계좌표 Y값을 읽어 기록한다.

⑮ 기계좌표 Y값 = Y좌표값 − 터치센서 또는 사용한 엔드밀의 반경값으로 구한다.

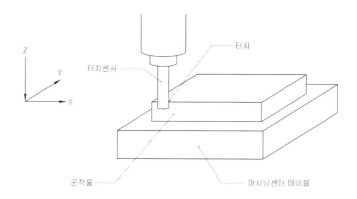

⑯ 모드선택 → 반자동 → M05□ → 자동개시 Or 주축정지 버튼 이용 주축 정지한다.

(6) X, Y, Z축 좌표값 입력

지금까지 구한 X, Y, Z축의 기계좌표값을 Main Program의 G92 X__Y__Z__ 에 절댓값으로 입력시킨다.

(7) 공구보정값 입력

① 공구의 길이값을 (H)의 DATA에 공구반경값을 (D)의 DATA에 입력시킨다.

② 사용할 공구의 길이값(H)을 차례로 입력한다. 화면 → 보정을 선택하고 방향 Key (←, →, ↑, ↓)를 이용하여 H001, H002, H003, H004에 차례로 입력한다.

③ 주축의 끝을 기준으로 하였으므로 반드시 +값으로 입력해야 하며 입력된 값을 꼭 확인한다.

④ 사용할 공구의 반경값을 방향 Key (←, →, ↑, ↓)를 이용하여 D003(4.0), D004(6.0)에 차례로 입력한다.

⑤ 반드시 반경값으로 입력하고 입력된 값이 정확한지 확인한다. 또는 Parameter를 수정하여 직경값을 입력한다.

⑥ 황삭가공을 한 후 정삭할 때 가공여유 0.2 mm를 남길 경우 엔드밀 직경이 12 mm라면 6.2를 입력하여 황삭한 후 보정값을 6.0으로 변경하여 입력한 후 정삭 가공에 적용한다.

(8) 운전 중 주의사항

① 프로그램에 이상이 있으면 수정하고 도안으로 확인한다.

② 자동운전모드로 하여 싱글블록을 ON 시킨 후 자동개시를 누르면서 한 블록씩 Program을 진행시켜 가공한다.

③ 기계 작동전 사전에 안전사고 위험 요소와 기계의 윤활상태를 점검하고 조치한다.

(9) 도안설정 방법

① MODE(모드선택) → 편집 → ☞(F8) → 도안(F2) → 도안설정(F2)

② ANIMATION DISP [1] 을 선택하면 Animation 되며, [0]을 선택하면 Animation 안된 다(0 : OFF,   1 : ON).

③ 선택방법 : ANIM DISP = 1 ↵ 혹은 0 ↵

④ 묘사평면 [0]을 선택하면 X, Y축 단면의 가공상태 나타난다.

⑤ 0 : XYZ, 1 : XY, 2 : XZ, 3 : YZ

⑥ 선택방법 : select (0, 1, 2, 3) = 이 위치에 커서를 두고 0 ↵, 혹은 1 ↵, 혹은 2 ↵, 혹은 3 ↵ 선택한다.

⑦ 공작물 가로 [mm] 80, 세로 [mm] 80, 높이 [mm] 20 입력한다. 입력방법 (X : = 80 ↵, Y : = 80 ↵, Z : = 20 ↵)

⑧ 원점 (X : 0, Y : 0, Z : 0)

⑨ 절단면 (X : 40, Y : 40) : 도안할 때 필요하다. 입력방법 (X : = 40 ↵, Y : = 40 ↵)

(10) 공구설정 방법

① MODE(모드선택) → 편집 → ☞(F8) → 도안(F2) → 도안설정(F2) → 공구설정(F1)→↑ (F7), ↓(F8)이용하여 1번 공구 선택 → 수정(F6) → [변경(−) : F2, 변경(+) : F3] Soft Key로 공구형상 설정 후 공구의 직경값 입력 (A = 예 100.00 ↵) → 종료를 누르면 공구형상이 설정된다.

② ↑(F7) ↓(F8) 방향키를 이용 2, 3, 4번 공구선택 후 수정(F6)을 눌러 공구형상과 직경을 입력한 후→ 종료한다.

③ 공구형상번호 (1번 : NO1, 2번 : NO4, 3∼4번 : NO2)선택한다.

(11) Program 검색방법

MODE(모드) → 편집 → ☞(F8) → 검색(F3) → Word(F2) (Z, H, D, G40, G49, G80 등 입력) → 방향키 ↑(F1), ↓(F2)로 이동 확인한다.

(12) Program 수정 방법

① 자동실행 중 프로그램에 이상이 발견되었을 때 수정 후 프로그램 선두로 다시 커서를 보낸다.

② 자동실행 중 현재 및 아래블록의 프로그램을 수정할 수 있다. 자동정지 → 커서위치 확인 → MODE(모드선택) → 편집 → 방향Key 이용 수정 후→ 커서 원래 위치로→ MODE(자동) → 자동개시

③ 자동실행 중 Spindle Stop을 누른 경우 원점복귀를 시키지 않아도 되지만 반드시 프로그램 선두에 커서를 이동 후 자동개시한다.

(13) 머시닝센터 TNV-40A ERROR 해제

① CRT 화면에 다음과 같이 메시지나 나타난 경우

```
ACCESS   00FFE007
PC       0009AC9E
ROM      09
```

ⓐ 기계 OFF시킨다.

ⓑ SOFT KEY의 화면과 선택을 동시에 누르고 전원을 투입한다.

ⓒ 계속 화면과 선택을 누르고 있으면 노란색 작은 글씨로 NC 내부상태 DATA가 화면에 나타난다.

ⓓ 손을 떼고 Key Board 의 0번을 누른다.

ⓔ 1~9번까지의 옵션이 나타난다.

ⓕ Key Board로 7번을 선택한다. (Alarm History Memory) 후 엔터(⏎)

ⓖ 오른쪽 아래에 노란색 글씨로 OK 표시가 나타난다.

ⓗ Key Board 9번을 누르면 완료된다.

② INTLK 에러일 때 해결

ⓐ 핸들모드→ 조작판→CHECK MODE ON 시킨다.

ⓑ 주축정지 버튼을 누른 상태에서 EXCH CCW 를 순간적으로 눌러 메가진 핑거를 제 위치(동작 전 상태)로 놓는다.

ⓒ 조작판의 EXCH CW와 EXCH CCW의 깜박임이 멈춘다.

ⓓ 핸들운전이 가능해짐→ 공구 장·탈착 가능해진다.

③ SPINDLE ALARM A0.2

ⓐ 원인 : 스핀들 유닛에 과부하 발생, 입력 전류의 이상, 스핀들 유닛 파손

ⓑ 해제 버튼을 누른다.

ⓒ 조작판의 전원 스위치를 차단하고 다시 전원을 투입한다.

ⓓ 장비 뒤쪽의 메인 전원을 차단하고 다시 메인 전원을 투입한다.

ⓔ 위 1. 2. 3항의 조치로 알람이 해제 안된 경우는 전장박스 안에 있는 스핀들 유닛의 알람 번호를 메모하여 기계메이커에 A/S 요청한다.

④ 가타 알람 에러 해제

ⓐ Emergency Stop Switch ON

· 원인 : 비상정지 스위치 ON

· 해제 : 비상정지 스위치를 화살표 방향으로 돌린다.

ⓑ Lubr Tank Level Low Alarm

· 원인 : 습동유 부족

· 해제 : 습동유를 보충한다(규격품 사용).

ⓒ Thermal Overload Trip Alarm

· 원인 : 과부하로 인한 Overload Trip

· 해제 : 원인 조치 후 마그네트와 연결된 오버로드 누른다.

ⓓ P/S__ Alarm

· 원인 : Program Alarm

· 해제 : 알람 일람표에서 원인을 찾는다.

ⓔ OT Alarm

· 원인 : 금지영역 침범

· 해제 : 이송축을 안전한 위치로 이동한다.

ⓕ Emergency Limit Switch ON

· 원인 : 비상정지 리미트 스위치 작동

· 해제 : 행정오버 해제 스위치를 누른 상태에서 안전한 위치로 이동시킨다.

ⓖ Spindle Alarm

· 원인 : 주축모터 과열, 주축모터 과부하, 과전류

· 해제 : 해제버튼→ 전원차단→ 전원투입→ A/S 연락

ⓗ Torque Limit Alarm

· 원인 : 충돌로 인한 안전핀 파손

· 해제 : A/S 연락

ⓘ Air Pressure Alarm

· 원인 : 공기압 부족

· 해제 : 공기압을 높인다(5 Kg/cm^2).

ⓙ 축 이동이 안됨

· 원인 : 머신록스위치ON Interlock 상태

· 해제 : 신록스위치 OFF, A/S 문의

2. 머시닝센터(TNV – 40A) Operator Panel 기능

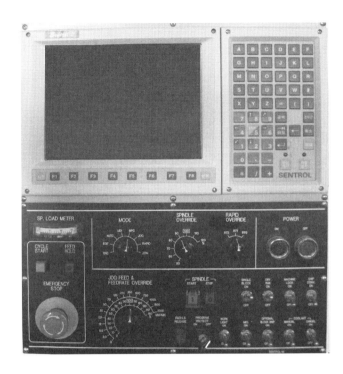

■ MODE 선택 : Mode Switch

이미지	MODE	한글	기 능 설 명
	DNC		DND 운전
	EDIT	편집	Program의 신규작성 및 Memory에 등록된 Program의 수정, 삽입, 삭제
	AUTO	자동	Memory에 등록된 Program을 자동운전
	MDI	반자동	Manual Data Input Program을 작성하지 않고 기계를 동작 (공구교환, 주축회전, 절삭이송 지령)
	MPG	핸들	Manual Pulse Generator 조작판의 핸들을 이용하여 축을 이동
	JOG	수동	공구이송을 연속적으로 외부 이송속도 조절스위치의 속도로 이송
	RPD	급송	공구를 급속(G00)으로 이동 (RT2,RT1,RT0)
	ZRN	원점	공구를 기계원점으로 수동으로 복귀(8,4,1)

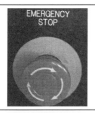

- 비상정지 버튼 : Emergency Stop Button
  돌발적인 충돌이나 위급한 상황에서 작동→Main 전원의 차단효과
  → 화살표 방향으로 비상정지 버튼을 돌리면 튀어 나오면서
  비상정지 해제된다. (반드시 원점복귀 해야 함)

- 급송속도 조절 : Rapid Override
  자동, 반자동, 급속이송 모드에서 급속위치결정 속도를 외부에서
  변화시켜 주는 기능이다. (RT2 : 느림, RT1 : 빠름, RT0 : 아주빠름)

- 이송속도 조절 : Feed Override 수동속도 조절
  자동, 반자동 모드에서 지령된 이송속도를 외부에서 변화시키는
  기능이다. (이송 : 0~150 %, 수동 : 0~2,000 mm/min)

- 주축속도 조절 : Spindle Override
  모드의 위치에 관계없이 주축의 회전속도(RPM)를 외부에서
  변화시키는 기능이다. (50~120 %)

- Pulse 선택
  핸들(MPG)의 한 눈금 이동단위를 선택한다. (0.001, 0.01, 0.1 mm)

- 핸들(MPG) : Manual Pulse Generator
  축(Axis)의 이동을 핸들(MPG)모드에서 선택한 펄스 단위로 이동→
  핸들이동에는 자동 가감속 기능이 없어 0.1 mm 펄스에서 축의
  이동에 충격을 준다. (볼스크류, 베어링 파손 원인)

	• 자동개시 : Cycle Start 자동, 반자동, DNC 모드에서 프로그램을 실행한다.
	• 자동정지 : Feed Hold 자동개시의 실행으로 진행중인 프로그램을 정지 → 자동개시 버튼을 누르면 현재위치에서 재개 → 나사가공 블록은 정지하지 않고 다음 블록에서 정지한다.
	• 주축기동 : Spindle Rotate 수동조작(핸들, 수동, 급송, 원점)에서 마지막에 지령된 조건으로 스핀들을 정회전 시킨다.
	• 주축정지 : Spindle Stop Mode에 관계없이 회전 중인 주축(Spindle) 정지한다.
	• M01 : Optional Program Stop 프로그램에서 지령된 M01을 선택적으로 실행되게 한다. 조작판의 M01 스위치가 ON일 때 정지하고 OFF일 때는 M01을 실행해도 기능이 없는 것으로 간주하고 다음 블록 실행한다.
	• 드라이런 : Dry Run 프로그램에 지령된 이송속도를 무시하고 조작판 이송속도의 조절 속도로 이송한다. (0~2,000 mm/min)
	• 머신 록 : Machine Lock 축 이동을 하지 않게 하는 기능이다. (프로그램 Test, A/S시 사용)

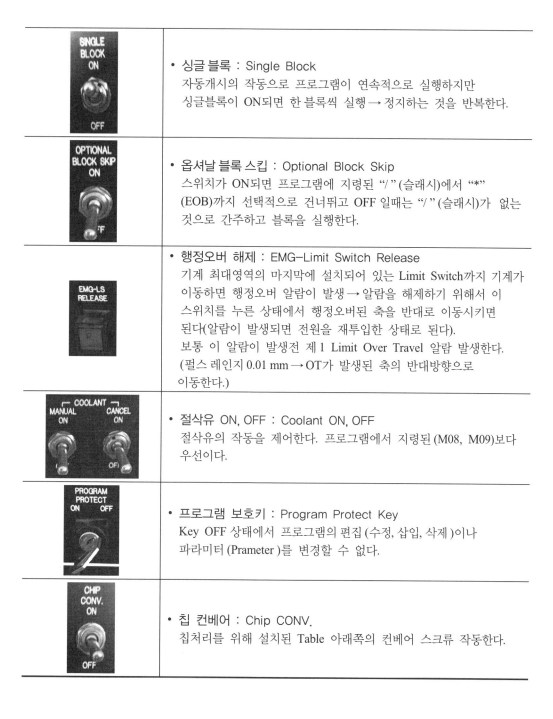

- 싱글 블록 : Single Block
  자동개시의 작동으로 프로그램이 연속적으로 실행하지만
  싱글블록이 ON되면 한 블록씩 실행→정지하는 것을 반복한다.

- 옵셔날 블록 스킵 : Optional Block Skip
  스위치가 ON되면 프로그램에 지령된 "/"(슬래시)에서 "*"
  (EOB)까지 선택적으로 건너뛰고 OFF 일때는 "/"(슬래시)가 없는
  것으로 간주하고 블록을 실행한다.

- 행정오버 해제 : EMG-Limit Switch Release
  기계 최대영역의 마지막에 설치되어 있는 Limit Switch까지 기계가
  이동하면 행정오버 알람이 발생→알람을 해제하기 위해서 이
  스위치를 누른 상태에서 행정오버된 축을 반대로 이동시키면
  된다(알람이 발생되면 전원을 재투입한 상태로 된다).
  보통 이 알람이 발생전 제1 Limit Over Travel 알람 발생한다.
  (펄스 레인지 0.01 mm→OT가 발생된 축의 반대방향으로
  이동한다.)

- 절삭유 ON, OFF : Coolant ON, OFF
  절삭유의 작동을 제어한다. 프로그램에서 지령된 (M08, M09)보다
  우선이다.

- 프로그램 보호키 : Program Protect Key
  Key OFF 상태에서 프로그램의 편집 (수정, 삽입, 삭제)이나
  파라미터 (Prameter)를 변경할 수 없다.

- 칩 컨베어 : Chip CONV.
  칩처리를 위해 설치된 Table 아래쪽의 컨베어 스크류 작동한다.

II CAM 연습도면

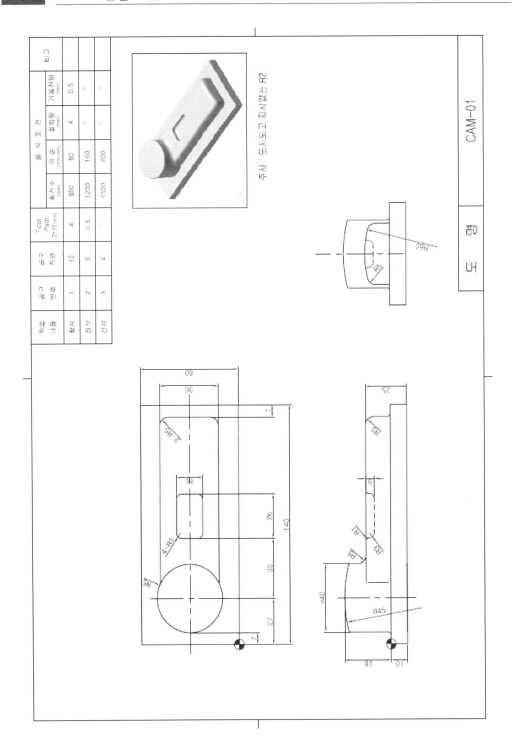

절삭 내용	공구 번호	공구 직경	Tool Path 간격(mm)		회전수 (rpm)	이 송 (mm/min)	절입량 (mm)	가공잔량 (mm)	비고
황삭	1	12	4		800	80	4	0.5	
정삭	2	6	0.5		1200	160	–	–	
잔삭	3	4	–		1500	200	–	–	

주서 : 도시되고 지시없는 R2

CAM-01

도 명 평 면

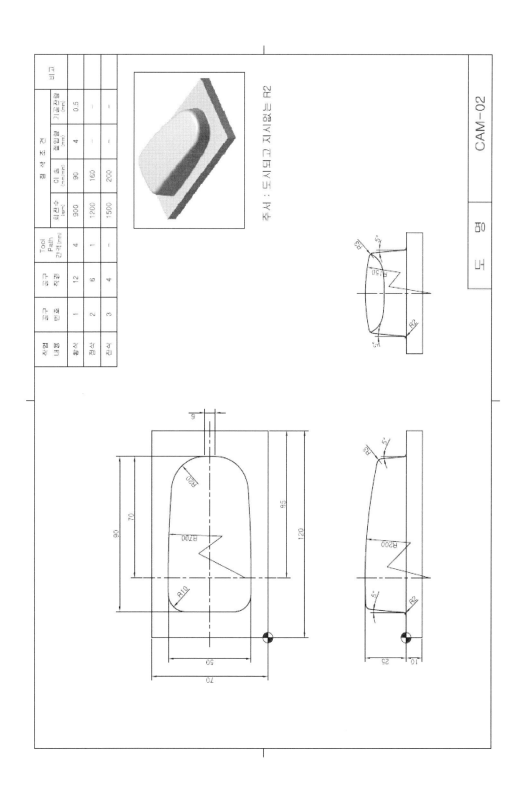

주시 : 도시되고 지시없는 R2

CAM-02

도 명

작업 내용	공구 번호	공구 직경	Tool Path 간격(mm)	절 삭 조 건				
				회전수 (rpm)	이송 (mm/min)	절입량 (mm)	가공잔량 (mm)	비고
황삭	1	12	4	900	90	4	0.5	
정삭	2	6	1	1200	160	-	-	
잔삭	3	4	-	1500	200	-	-	

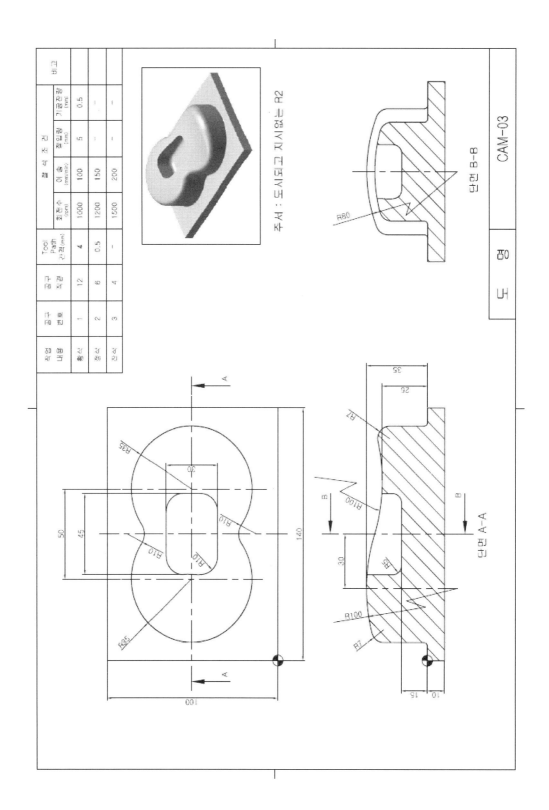

작업명	공구번호	공구직경	Tool Path 간격(mm)	절삭조건 회전수(rpm)	이송(mm/min)	절입량(mm)	가공여유(mm)	비고
황삭	1	12	4	1000	100	5	0.5	
중삭	2	6	0.5	1200	150	-	-	
정삭	3	4	-	1500	200	-	-	

주서 : 도시되고 지시없는 R2

단면 B-B

CAM-03

도 명

단면 A-A

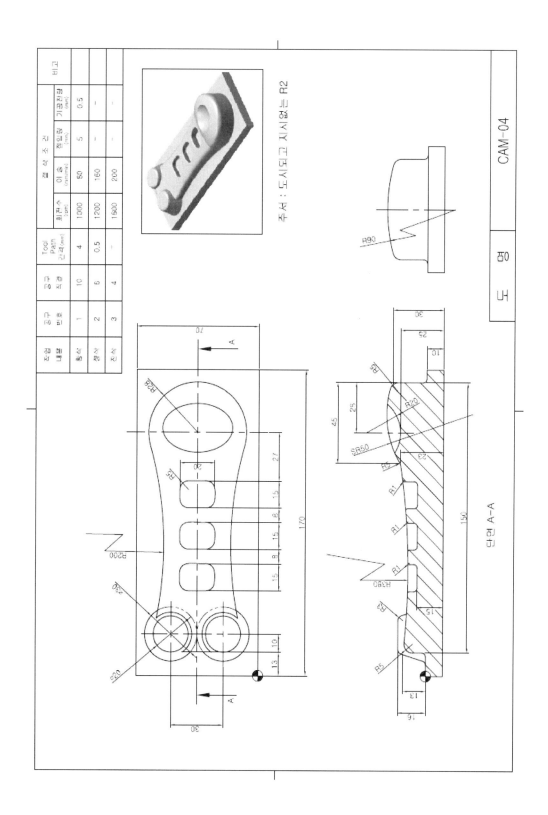

주서 : 도시되고 지시없는 R2

CAM-04

도 명

단면 A-A

338

부 록

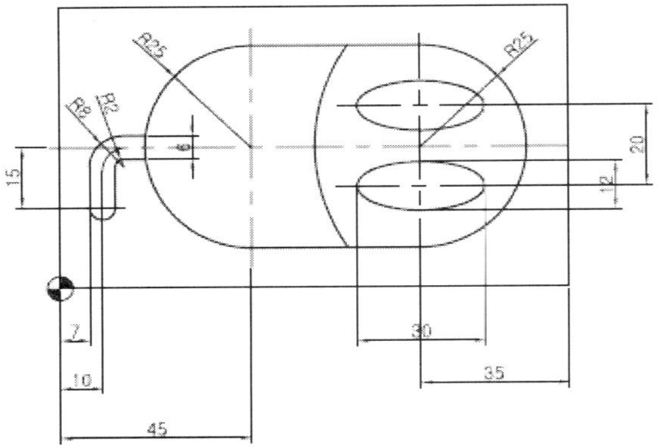

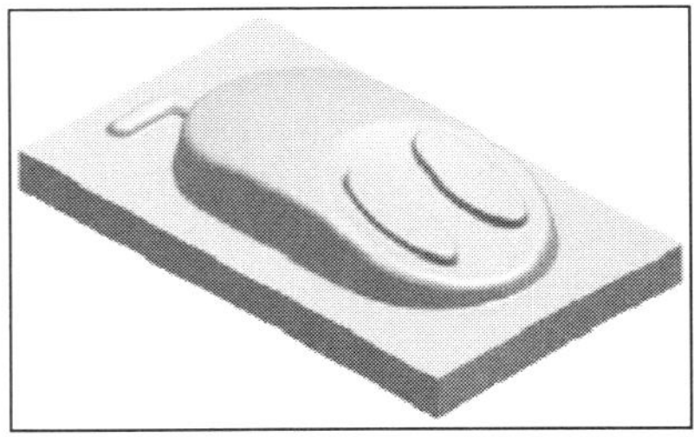

주서 : 도시되고 지시없는 R2

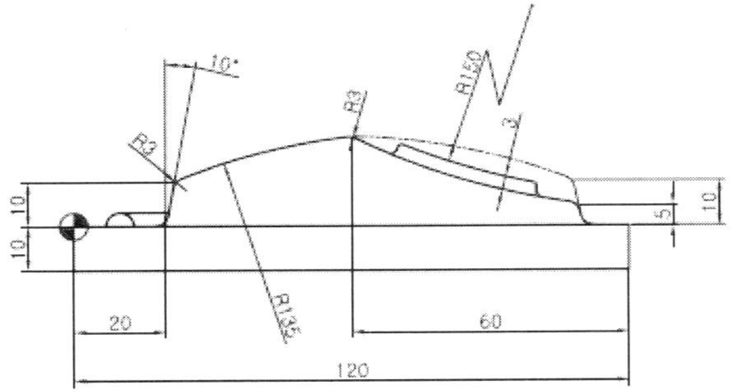

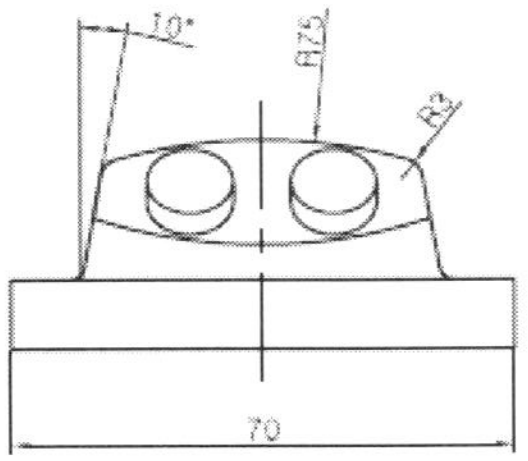

CAM-05

도 명

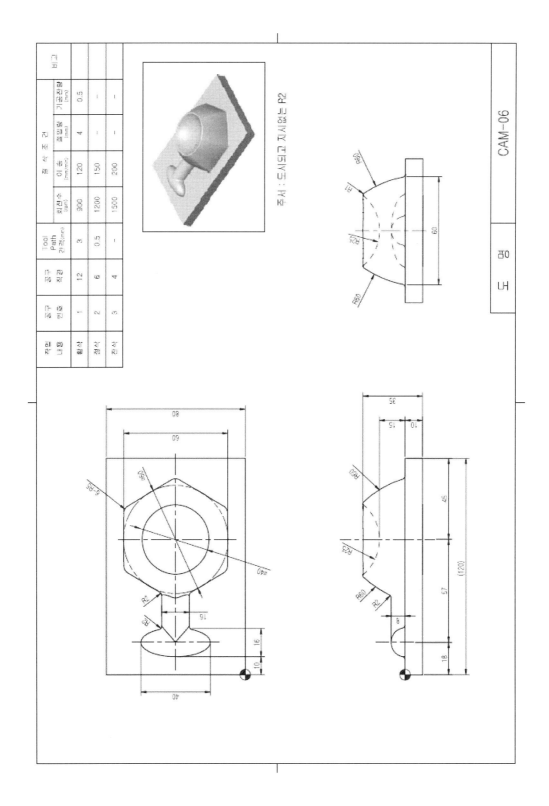

주서 : 도시되고 지시없는 R2

CAM-06

면 0

작 업 내 용	공 구 번 호	공 구 지 경	Tool Path 간 격(mm)	회 전 수 (rpm)	이 송 (mm/min)	절입량 (mm)	가공정량 (mm)	비고
황삭	1	12	4	1000	100	5	0.5	
중삭	2	6	1	1200	150	–	–	
정삭	3	4	–	1500	200	–	–	

주서 : 도시되고 지시없는 R2

도 명   CAM-07

도 명

R40

100

Ø80

R10

20

80

70

Ø40

28

20

R120

120

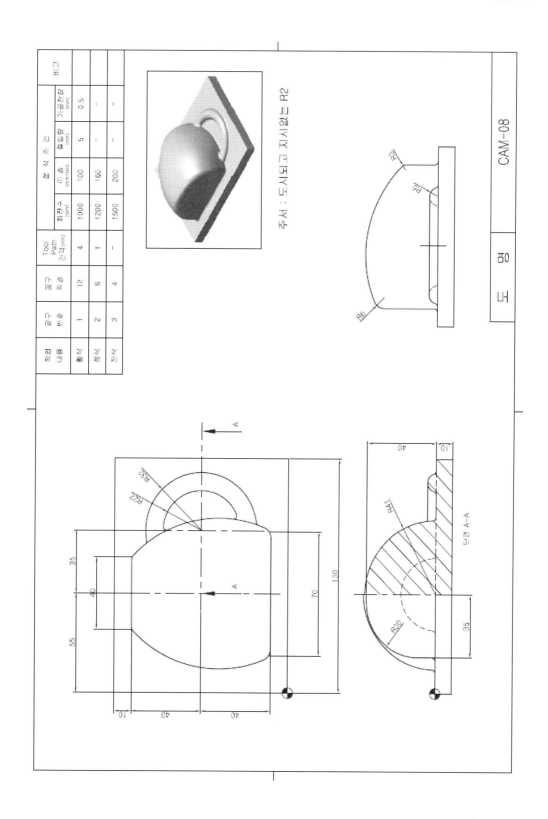

주서 : 도시되고 지시없는 R2

CAM-08

도명

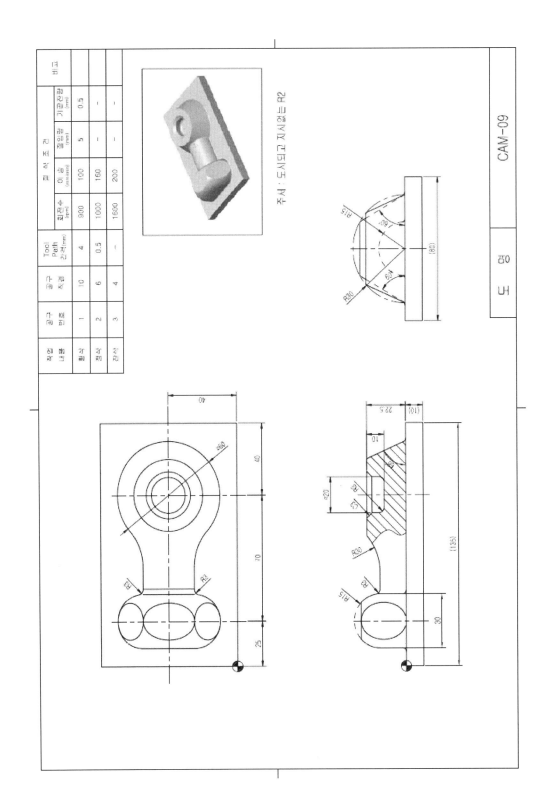

CAM-09

주석 : 도시되고 지시없는 R2

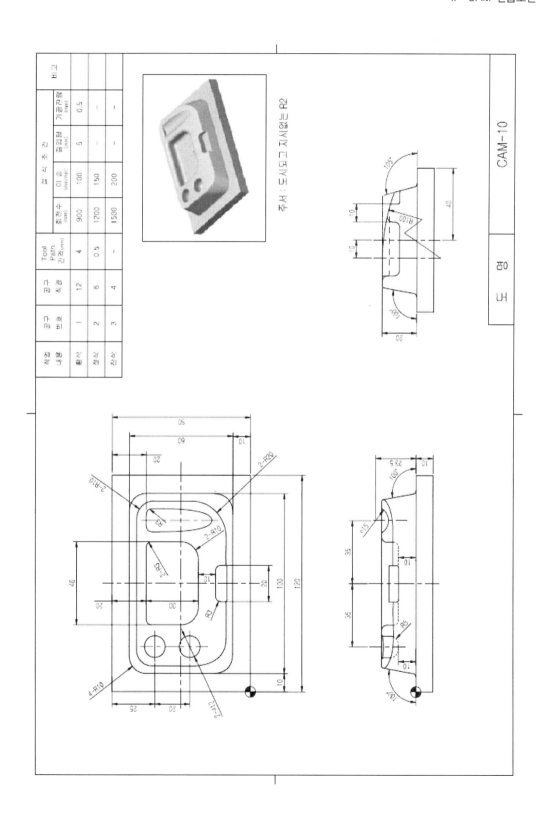

주서 : 도시되고 지시없는 R2

CAM-10

도 명

작업 내용	공구 번호	공구 직경	Tool Path 간격(mm)	회전수 (rpm)	이 송 (mm/min)	절입량 (mm)	기공잔량 (mm)	비고
황삭	1	12	4	900	100	5	0.5	
정삭	2	6	0.5	1200	150	–	–	
잔삭	3	4	–	1500	200	–	–	

주서 : 도시되고 지시어는 R2

CAM-11

도 명

작업 내용	공구 번호	공구 지름	Tool Path 간격(mm)		절 삭 조 건			
				회전수 (rpm)	이송 (mm/min)	절입량 (mm)	가공잔량 (mm)	비고
황삭	1	10	3	900	90	3	0.5	
정삭	2	6	0.5	1200	150	-	-	
잔삭	3	4	-	1500	200	-	-	

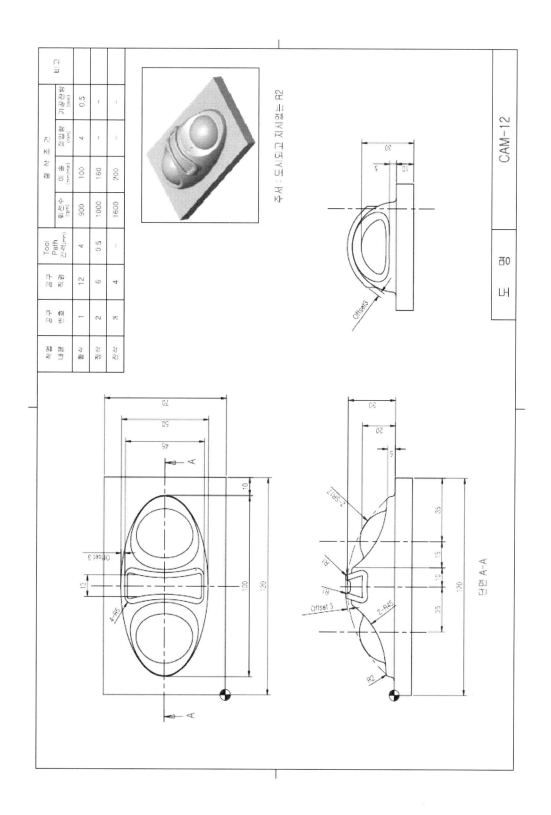

CAM-12

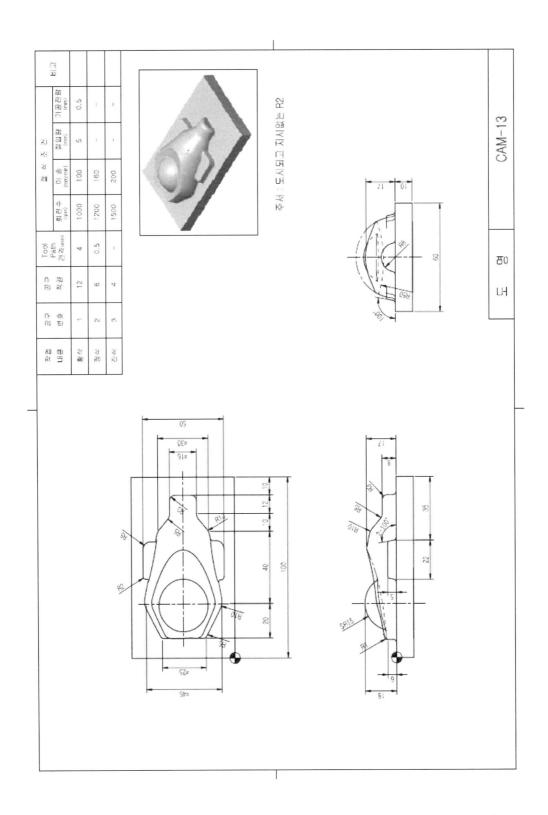

CAM-13

주서 : 도시되고 지시없는 R2

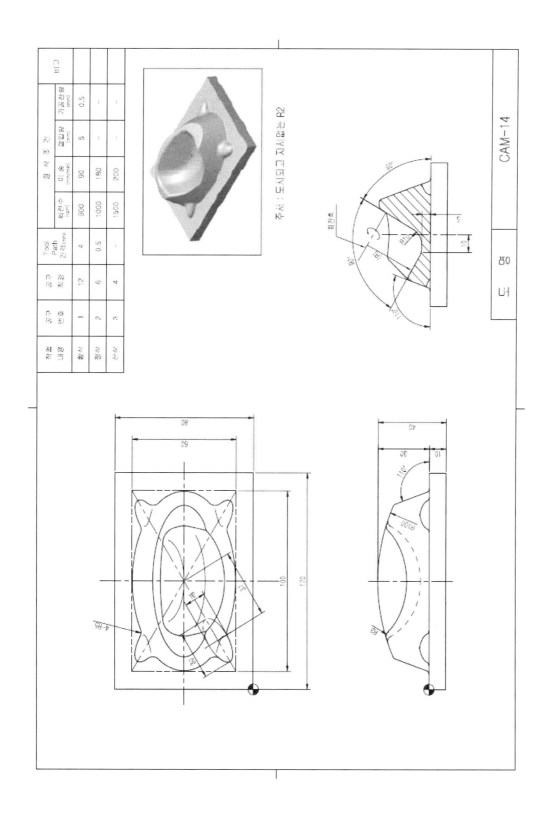

CAM-14

품명

도번

공정 내용	공구 번호	공구 표경	Tool Path 간격(mm)	절삭조건			기공조건			비고
				회전수 (rpm)	이송 (mm/min)	절입량 (mm)	절입량 (mm)	가공량량 (mm)		
황삭	1	12	4	900	90	5	5	0.5		
정삭	2	6	0.5	1000	140	—	—	—		
잔삭	3	4	—	1500	200	—	—	—		

주서 : 도시되고 지시없는 R2

작업별	공구 번호	공구 직경	Tool Path 간격(mm)	회전수 (rpm)	절삭조건 이송 (mm/min)	절입량 (mm)	가공여유 (mm)	비고
황삭	1	10	4	900	100	3	0.5	
정삭	2	6	0.5	1000	150	-	-	
잔삭	3	4	-	1600	190	-	-	

주서 : 도시되고 지시없는 R2

CAM-15

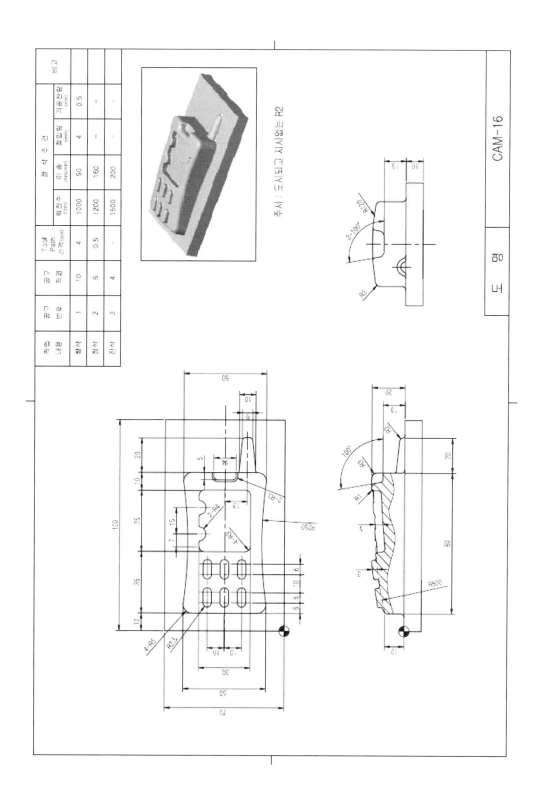

CAM-16

NX8 CAD/CAM 활용

초판 발행 | 2013년 9월 05일
3쇄 발행 | 2022년 8월 10일

지은이 | 윤 여 권 · 조 대 희
펴낸이 | 조 승 식
펴낸곳 | (주)도서출판 북스힐

등 록 | 1998년 7월 28일 제22-457호
주 소 | 서울시 강북구 한천로 153길 17
전 화 | (02) 994-0071
팩 스 | (02) 994-0073

홈페이지 | www.bookshill.com
이메일 | bookshill@bookshill.com

정가 18,000원

ISBN 978-89-5526-691-7